西单街头

最亮毛衣

大集合

王春燕　主编

辽宁科学技术出版社
沈阳

鞠少娟　李万春　王秀芹　李晶晶　王春耕　王俊萍　高丽娜　王　蔷
王潇音　刘天昊　黄梦词　马　欢　张卫华　李　微　金　虹　张福利
曾玲梓　米　雪　李艳红　张　旸　李亚林　李　佳　谢海民　潘世源
张可平　彭永辉　闫晓刚　迪丽娅娜·哈那提　米日阿依·阿布来提
阿孜古丽·尼加提　郭　嘉　戴一辰　高　雅

图书在版编目（CIP）数据

西单街头最亮毛衣大集合 / 王春燕主编. —沈阳：辽宁
科学技术出版社，2014.1
ISBN 978-7-5381-8381-8

Ⅰ.①西…　Ⅱ.①王…　Ⅲ.①毛衣—编织—图
集　Ⅳ.①TS941.763-64

中国版本图书馆CIP数据核字（2013）第274759号

出版发行：辽宁科学技术出版社
　　　　　（地址：沈阳市和平区十一纬路29号　邮编：110003）
印　刷　者：辽宁彩色图文印刷有限公司
经　销　者：各地新华书店
幅面尺寸：210mm×285mm
印　　张：11.5
字　　数：200千字
印　　数：1～5000
出版时间：2014年1月第1版
印刷时间：2014年1月第1次印刷
责任编辑：赵敏超
封面设计：央盛文化
版式设计：央盛文化
责任校对：李淑敏

书　　号：ISBN 978-7-5381-8381-8
定　　价：36.80元

联系电话：024-23284367
邮购热线：024-23284502
E-mail:purple6688@126.com
http://www.lnkj.com.cn

目 录

● 周志春 江西德兴人
● 天津美术学院摄影艺术系毕业
● 曾在国内外摄影大赛中屡次获奖
● 与多家知名杂志及品牌长期合作
● 国内众多一线明星导演御用摄影师
● 鸣谢尚志摄影工作室
● E-mail:zsimage@163.com

3

塔塔连衣裙

P 织法见74~75页

TA TA
LIAN YI QUN

Ya

GONGZHUWAISHIPIJIAN

P
织法见76~77页

亚公主外事披肩

5

P 织法见78~79页

随穿的高领披肩

紧袖高腰造型上衣
P 织法见80~81页

J IN XIU GAO YAO ZAO XING SHANG YI

HUA PIAN ZHAO YI

P 花片罩衣

织法见82~83页

LEILEI

PIJIAN

雷雷披肩

P 织法见84~85页

Cong hou bei qi zhen zhi de pi jian shi shang yi

从后背起针织的披肩式上衣

织法见86~87页

XINGXINGJIHESHANGYI

星星几何上衣

P 织法见88~89页

P 织法见90~91页

纤腰开衫

Xianyaokaishan

12

DE SHI PI FENG

德式披风

P 织法见94~95页

MOFAKAISHAN

ian hua shu nü mao

莲花淑女帽

P 织法见98~99页

上装式披肩

织法见100~101页

Shangzhuangshipijian

透花开衫披肩

P

织法见102~103页

Tou hua kai shan pi jian

HUA YE MAO SHAN

花叶帽衫

P 织法见104~105页

PI CAO XIAN XIU KAI YI

皮草纤袖开衣

P 织法见108~109页

JING MEI HUA WEN KAI YI

精美花纹开衣

P 织法见110~111页

LingDangHua
YuanKaiYi

铃铛花圆开衣

P织法见114~115页

【西单街头最亮毛衣展示】

LOVE Fashion

街头潮女美丽装扮
打造超炫风暴

JIETOUCHAONÜMEILIZHUANGBAN
DAZAOCHAOXUANFENGBAO

直领披风

ZHILINGPIFENG

P

织法见116~117页

AO TU PIJIAN

P 织法见118~119页

凹凸披肩

29

松肩紧袖套头上衣

SONGJIANJINXIUTAOTOUSHANGYI

P织法见122~123页

32

FUDIAOGAN

QIANWEISHANGYI

浮雕感前卫上衣

P 织法见126~127页

P 饱满叶子上衣

织法见134~135页

BAOMANYEZISHANGYI

★ ★ ★

前卫实用的长袖披肩 P织法见136~137页

QIANWEISHIYONGDECHANGXIUPIJIAN

100%

ZHUWANGKAISHAN

蛛网开衫 P织法见138~139页

100%

正方形上衣
ZHENGFANGXINGSHANGYI

P 织法见142~143页

JI HE LIANG CHUAN PI JIAN

几何两穿披肩

P 织法见144~145页

大翻领披肩

P 织法见146~147页

DaFanLingPjJian

手钩罩衫
SHOUGOUZHAOSHAN

P 织法见148~149页

叶子花修身裙
YEZIHUAXIUSHENQUN

P 织法见150~151页

LOVE Fashion

－莲花针富贵披肩－
LIANHUAZHENFUGUIPIJIAN

P 织法见156~157页

P 织法见158~159页

迷人高领修身毛衣

伞式开衣
P SANSHIKAIYI
织法见160~161页

霓裳
NI SHANG
P 织法见162~163页

MAOYANHUAWENKAIYI

猫眼花纹开衣

P 织法见164~165页

MANTUOLUOWUKOUKAIYI

曼陀罗无扣开衣

P 织法见166~167页

麦穗花开衫
MAISUIHUAKAISHAN

P 织法见168~169页

平面披肩
PINGMIANPIJIAN
P ——&——
织法见170~171页

BEST
风车披肩
FENGCHEPIJIAN

P 织法见174~175页

59

松塔毛衣

P 织法见176~177页
SONGTAMAOYI

P 织法见180~181页

秀场两穿大披肩
XIUCHANGLIANGCHUANDAPIJIAN

基础入门

① 棒针持线、持针方法

② 棒针双针双线起针方法

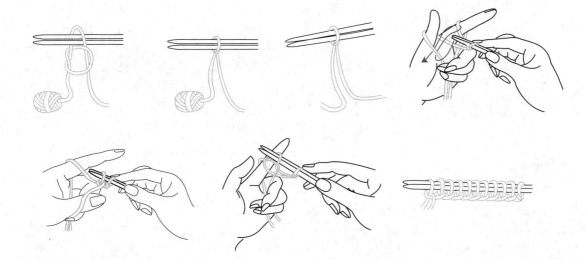

③ 绕线起针方法

④ 钩针配合棒针起针方法

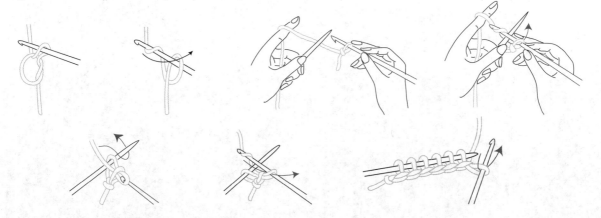

⑤ 单罗纹起针方法（机械边）

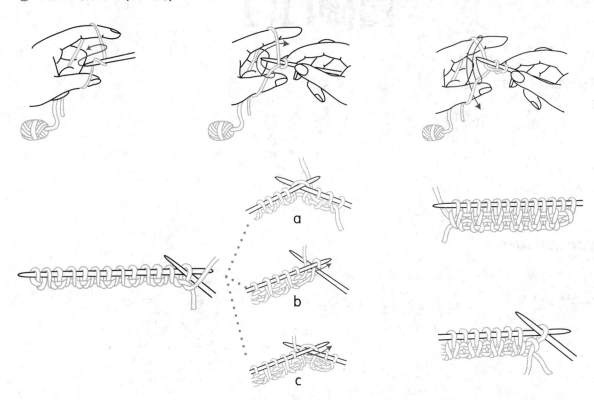

a

b

c

⑥ 单罗纹变双罗纹方法

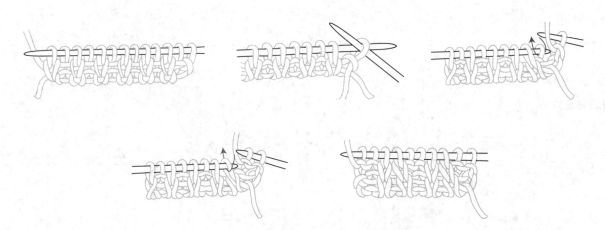

⑦ 直针用法

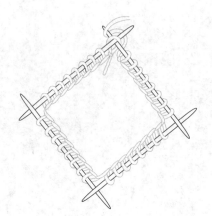

⑧ 环形针用法

棒针编织符号及编织方法

❶ 正针

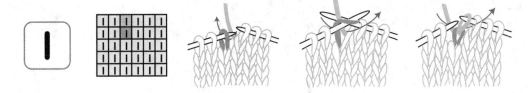

❷ 反针

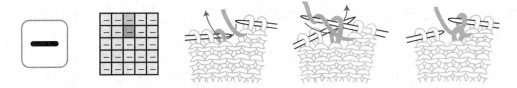

❸ 空加针

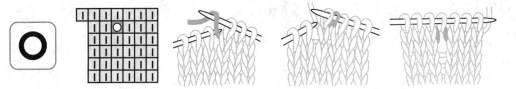

❹ 扭加针

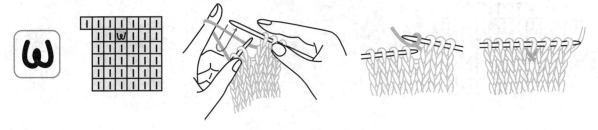

❺ 左在上并针

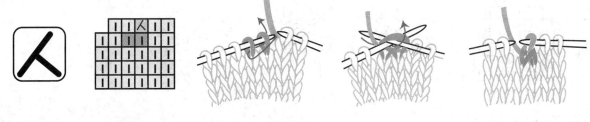

❻ 右在上并针

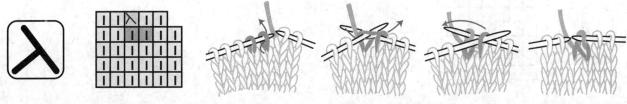

7 反针左在上2针并1针

  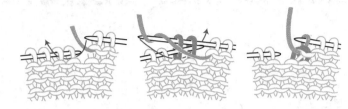

8 反针右在上2针并1针

 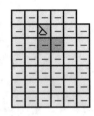 

9 左在上3针并1针

 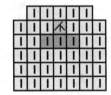 

10 右在上3针并1针

 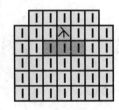 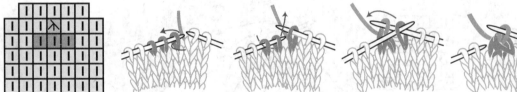

11 中在上3针并1针

    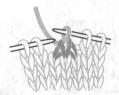

12 反针中在上3针并1针

 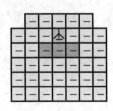 

⑬ 挑针

  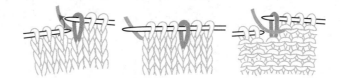

⑭ 扭针

  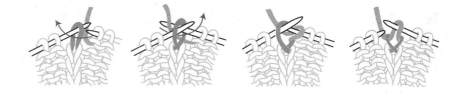

⑮ 左在上交叉针

  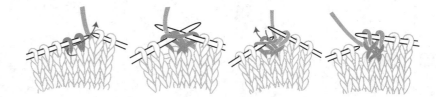

⑯ 右在上交叉针

  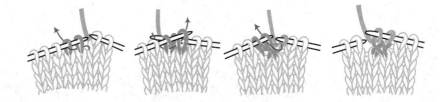

⑰ 4麻花针右扭

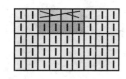 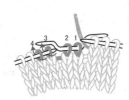 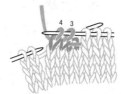 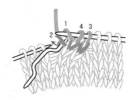 

⑱ 4麻花针左扭

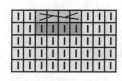 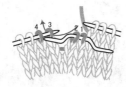 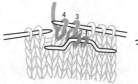 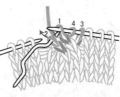 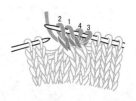

编织技巧

1 收平边

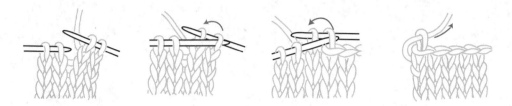

2 代针方法

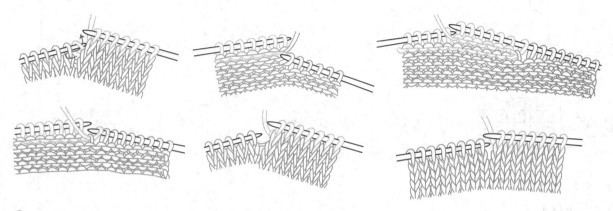

3 侧面加针和织挑针方法

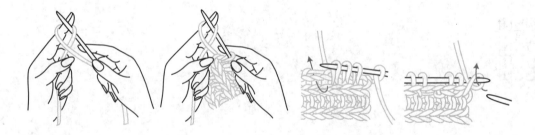

4 扣眼织法
5 小绳钩法

6 挑针织法

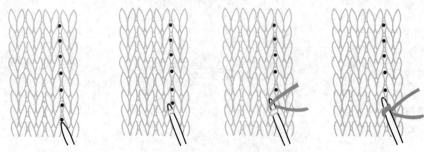

7 缝纽扣方法

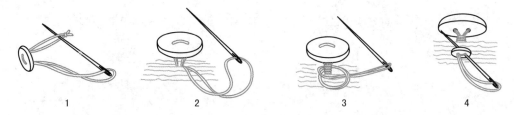

1　　　　　2　　　　　3　　　　　4

8 球球织法

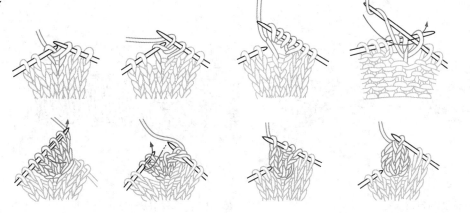

9 系流苏方法

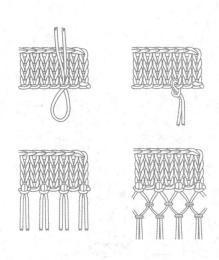

10 小球做法

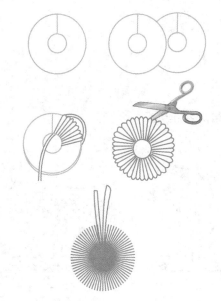

11 绵羊圈圈针

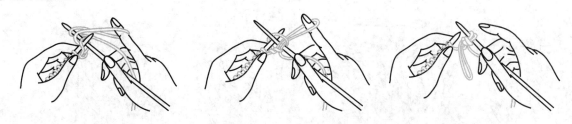

⑫ 平加针方法

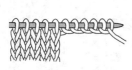 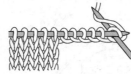  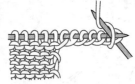

⑬ 萝卜丝钩法

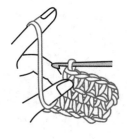  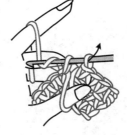 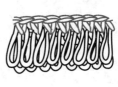

⑭ 袖与正身手缝方法

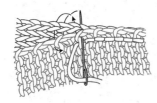

⑮ 袖与正身钩缝方法

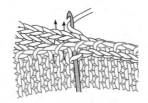

⑯ 小球钩法和织法

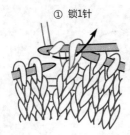 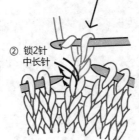 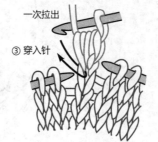 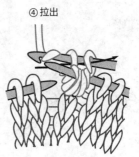

① 锁1针

延伸
② 锁2针
中长针

一次拉出
③ 穿入针

④ 拉出

⓱ 轮廓线绣法

⓲ 文"字扣接线方法和无痕接线法

⓳ 前领口减针方法

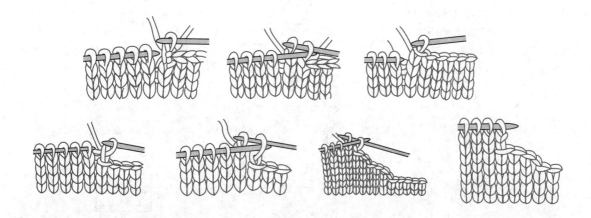

塔塔连衣裙

ta ta lian yi qun

4

材　　料：纯毛合股线

用　　量：650g

工　　具：6号针　8号针

尺寸（cm）：衣长81　袖长58　胸围76　肩宽29

平均密度：10cm² = 18针×24行

编织简述：

　　从裙下摆起针环形向上织，均匀减针后向上织正身，至腋下减袖窿，至领口减针。前后肩头缝合后挑织立领；袖口起针环形向上织，均匀加针后向上织泡泡袖，至腋下减袖山，最后与正身按泡泡袖方法缝合。

编织步骤：

1 用6号针起168针环形向上织25cm莲花针。

2 不换针均匀减至138针按正身排花环形向上织38cm后减袖窿，①平收腋正中8针，②隔1行减1针减4次。

3 距后脖8cm时减领口，①平收领正中11针，②隔1行减3针减1次，③隔1行减2针减2次，④隔1行减1针减1次，余针向上直织。前后肩头缝合后，用8号针从领口处挑出94针用8号针往返向上织扭针双罗纹，注意前领口正中处重叠挑12针。领高至13cm时收机械边形成立领。

4 袖口用6号针起32针环形向上织40cm横条纹针后，均匀加至63针改织5cm单排扣花纹后减袖山，①平收腋正中8针，②隔1行减1针减14次，余针平收，与正身做泡泡袖缝合。

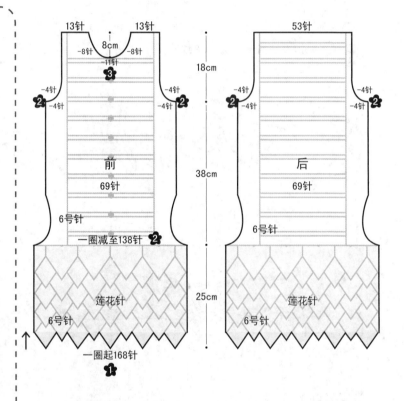

正身排花：138针

1	33	1
反针	单排扣花纹	反针
34 横条纹针		34 横条纹针
1 反针	33 条纹针	1 反针

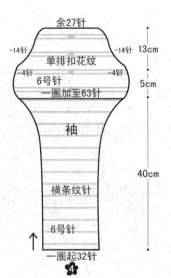

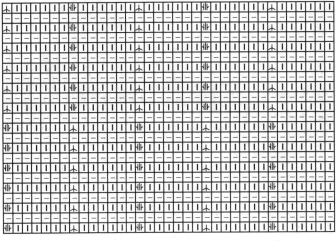

莲花针

小提示：

领口挑针时注意，在前领口起始位置重叠挑12针，然后往返向上织立领。

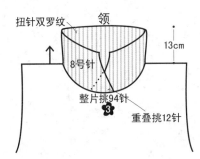

扭针双罗纹　领

8号针

整片挑94针　重叠挑12针

13cm

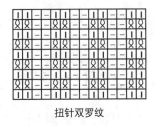

扭针双罗纹

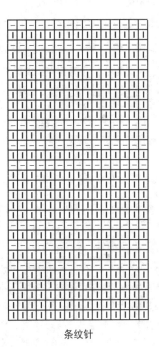

条纹针

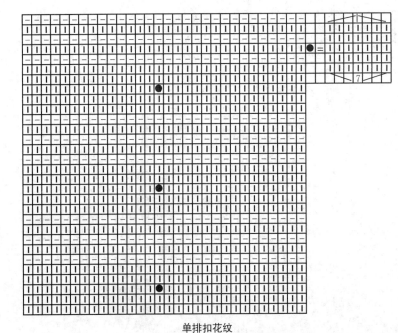

单排扣花纹

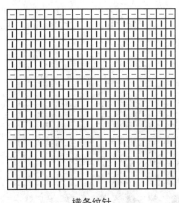

横条纹针

亚公主外事披肩

材　料：	纯毛手织中粗线
用　量：	600g
工　具：	6号针　8号针
尺　寸：	以实物为准
平均密度：	10cm²=19针×24行

5

ya gong zhu wai shi pi jian

编织简述：

　　起针后往返向上织，同时在两侧规律加针形成圆下摆，至腋下减袖窿，然后减领口，前后肩头缝合后，合圈环形向上织高领；袖片起针后往返向上织，并按要求规律加针和减针，减袖山后余针平收，将袖山与正身缝合，最后将袖片侧面与正身缝合。

编织步骤：

1️⃣ 用6号针起85针往返向上织桂花针，同时在两侧加针形成圆下摆效果，①隔1行加5针加1次，②隔1行加4针加1次，③隔1行加3针加1次，④隔1行加2针加1次，⑤隔1行加1针加5次。

2️⃣ 整片共123针往返向上织28cm后减袖窿，①平收腋正中8针，②隔1行减1针减4次。

3️⃣ 距后脖10cm时减领口，①平收领一侧5针，②隔1行减3针减1次，③隔1行减2针减1次，④隔1行减1针减1次。前后肩头缝合后，从领口处挑出84针，用8号针合圈向上环形织13cm扭针单罗纹后，换6号针改织5cm铃铛花并松收平边，然后在第一层铃铛花下方10cm位置再挑出84针，用6号针环形织5cm铃铛花后松收平边形成上下两层花边效果。

4️⃣ 袖片用6号针起22针往返向上织桂花针，同时在两侧加针，①隔1行加5针加1次，②隔1行加4针加1次，③隔1行加3针加1次，④隔1行加2针加1次，⑤隔1行加1针加5次。整个袖片共60针往返向上织，同时在左右两侧隔5行减1针，共减13次，总长至36cm时减袖山，①隔1行减1针减9次，②余针平收，将袖山部分与正身肩头整齐缝合。然后，取袖片后背一侧的边肩与正身标注的位置整齐缝合。

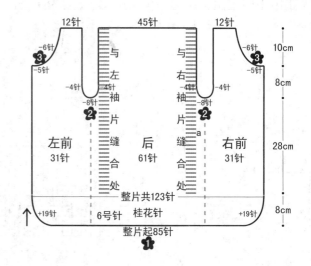

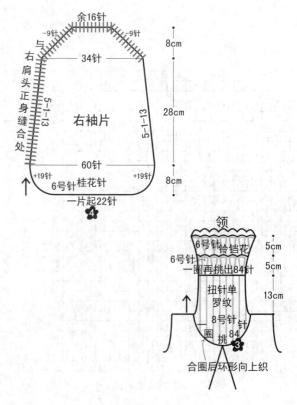

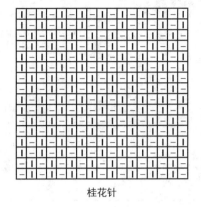

桂花针

小提示：
袖片与正身缝合时注意，
只缝合圆下摆以上直织的部分。

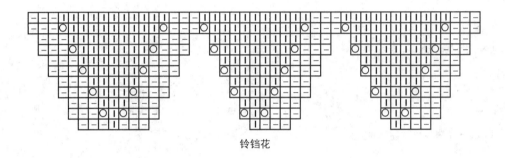

铃铛花

收平边方法

圆下摆加针

随穿的高领披肩

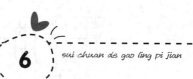

6 *sui chuan de gao ling pi jian*

材　　料：纯毛手织中粗线
用　　量：650g
工　　具：6号针　8号针
尺　　寸：以实物为准
平均密度：$10cm^2$=19针×24行

编织简述：

　　按排花往返向上织一个带缺角的长方形片，对折后从内部缝合形成披肩，最后挑织领子和飞肩。

编织步骤：

❶ 用6号针起100针按整体排花往返向上织片。

❷ 总长至36cm时，取右侧隔1行减1针共减22次。

❸ 总长至54cm时，依然在右侧隔1行加1针共加22次，此时总针数为100针，往返向上织36cm后收机械边。

❹ 在对折线处内折，按相同字母从内部缝合后形成披肩。

❺ 减针和加针的位置形成领口，用8号针在此处挑出100针，环形向上织15cm扭针双罗纹后收机械边形成高领。

❻ 在前片缝合处和对折线处分别挑出90针，用8号针往返织4cm扭针双罗纹后收机械边形成飞边，然后将飞边的两个侧边与正身缝合；最后在飞边处缝好纽扣。

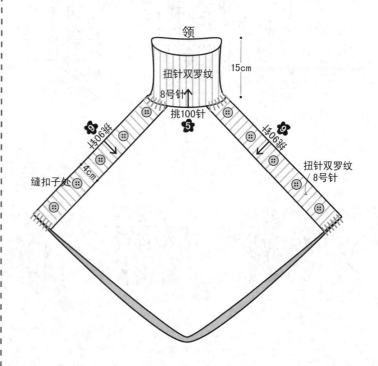

领

扭针双罗纹
8号针↑

15cm

挑100针 ❺

挑90针 ❻

4cm

缝扣子处

扭针双罗纹
8号针

挑90针 ❻

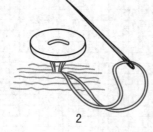
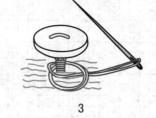

1　　2　　3　　4

缝纽扣方法

78

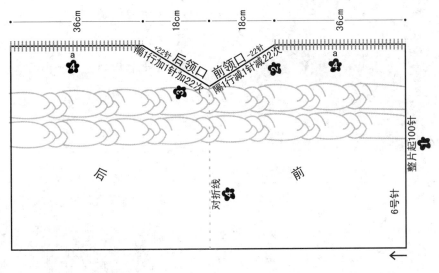

36cm　18cm　18cm　36cm

+22针　后 领口　前领口 -22针
隔1行加1针加22次　隔1行减1针减22次

a　　a

整片起100针

6号针

后　　前

对折线

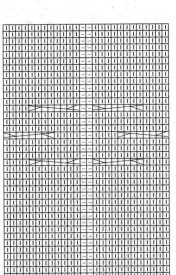

整体排花：100针

50	1	26	1	22
桂花针	反针	对称辫子麻花针	反针	桂花针

小提示：
披肩的右侧第1针行行织；左侧第1针可挑下不织，只从第2针织起。用这种方法即方便右侧缝合，又能保证左侧边沿的整齐。

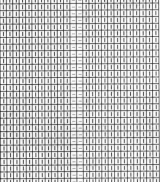

对称辫子麻花针

扭针双罗纹

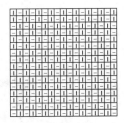

桂花针

紧袖高腰造型上衣

材 料：	羊毛合股线
用 量：	650g
工 具：	6号针 8号针
尺 寸：	以实物为准
平均密度：	10cm²=19针×24行

编织简述：

　　按花纹织一个中间有开口的长方形片，按相同字母缝合后形成两袖，最后分别挑织袖子、领子和下摆。

编织步骤：

1️⃣ 用6号针起144针往返向上织6组大辫子麻花针，每组24针。

2️⃣ 总长至45cm后，左右各分3针，在左侧平收12针后，左片余60针、右片余72针往返向上织18cm。注意，左片24针完整花纹被减掉12针，余下的12针织麻花针。

3️⃣ 总长至63cm时，在原位置平加出12针，合成原来的144针大片往返向上织45cm后松收平边。

4️⃣ 按相同字母aa和bb缝合后形成两袖，用8号针分别从袖口均匀挑出48针，环形向下织40cm扭针单罗纹后收机械边形成袖口。

5️⃣ 中间的长方形开口为领口，用8号针从领口处挑出96针，环形紧织2cm扭针单罗纹后收机械边形成方领。

6️⃣ 用8号针从两袖之间挑出120针，环形向下织20cm扭针单罗纹后收机械边形成下摆边。

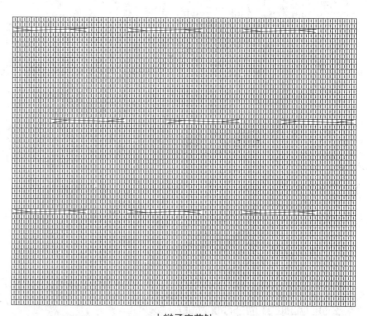

大辫子麻花针

扭针单罗纹

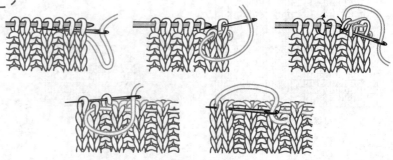

扭针单罗纹收针缝法

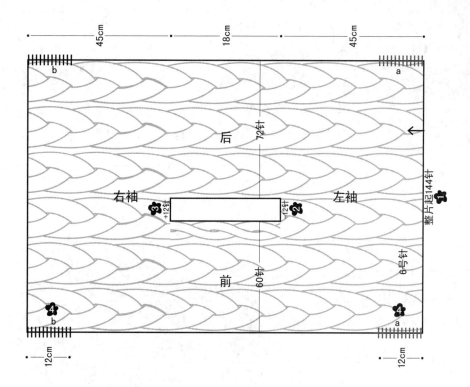

45cm　18cm　45cm

后　72针

右袖　左袖

整片起144针

+12针　-12针

6号针

前　60针

12cm　12cm

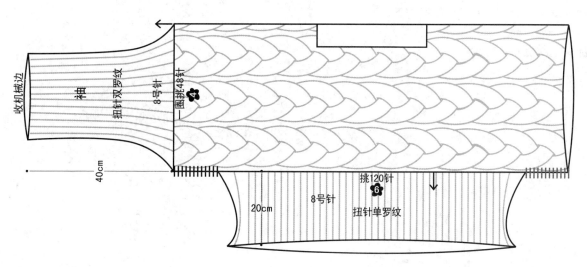

收机械边

袖

扭针双罗纹

8号针

一圈挑48针

40cm

8号针

挑120针

扭针单罗纹

20cm

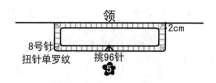

领

8号针
扭针单罗纹

挑96针

2cm

小提示：

前领口平减掉12针后，将原24针完整花纹中余下12针改织麻花针。

花片罩衣

材　　料：羊毛合股线

用　　量：650g

工　　具：3.0钩针

尺　　寸：以实物为准

平均密度：10cm^2=19针×24行

8

hua pian zhao yi

编织简述：

　　按图钩花片，其中包含两个有开口的花片，相互连接后，有开口的花片及其上方花片不必缝合，此处为袖口，最后在底边钩花边。

编织步骤：

1 用3.0钩针按图解钩22个完整花片和2个1/2开口花片。

2 按图相互连接，两个1/2开口花片上方不必缝合，此处为袖口。

3 最后在底边钩下摆花纹。

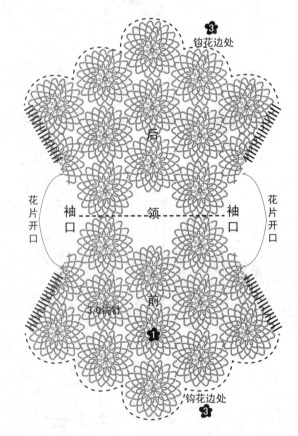

钩花边处 3

后

花片开口　　袖口　　领　　袖口　　花片开口

3.0钩针　　前 1

钩花边处 3

开口花片往返钩：

小提示：

1/2开口花片往返钩织而成。

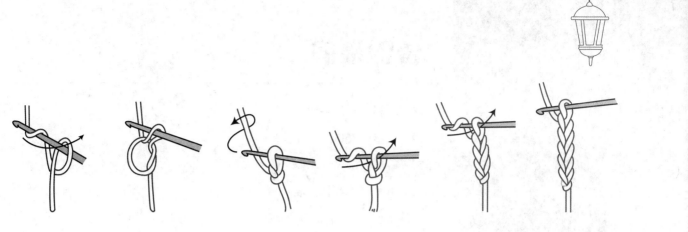

钩针起针方法

花片钩法

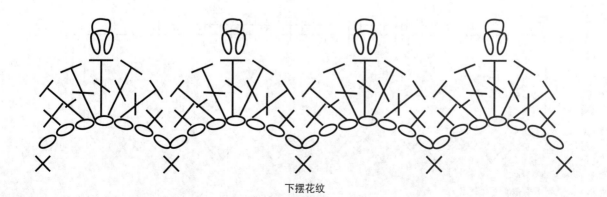

下摆花纹

雷雷披肩

lei lei pi jian

9

材　　料：羊仔毛线

用　　量：750g

工　　具：6号针

尺　　寸：以实物为准

平均密度：10cm²=19针×24行

编织简述:

　　按花纹织一长一短两个围巾,按要求缝合后形成披肩。

编织步骤:

1️⃣ 用6号针起230针往返向上织30cm莲花针后收针形成长围巾。

2️⃣ 另线起60针往返向上织横条纹针,至95cm时收针形成短围巾。

3️⃣ 按相同字母将长围巾与短围巾松缝合形成披肩,aa为后背,bb右袖,cc为左袖。

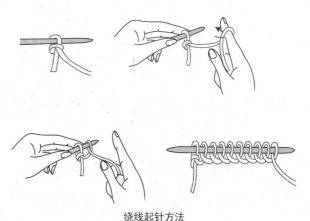

绕线起针方法

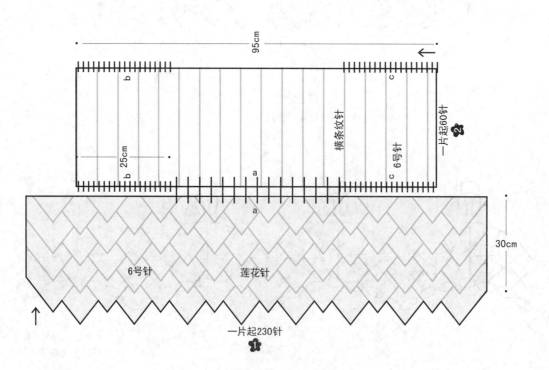

横条纹针

小提示：
因为要得到披肩门襟处
的锯齿效果，所以从长围巾的侧边
起针。

莲花针

从后背起针织的披肩式上衣

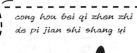

10

cong hou bei qi zhen zhi
de pi jian shi shang yi

材　　料：羊仔毛

用　　量：600g

工　　具：6号针 8号针

尺　　寸：以实物为准

平均密度：$10cm^2$=19针×24行

编织简述：

　　从后背正中起针后按规律加针环形向四周织大圆片，相应长后，取第1份和第6份平留针，第2行时再平加针后形成袖窿口，平加针后依然按原规律加针向四周织，然后收针形成正身，最后从两个袖窿口分别环形挑针向下织袖子。

编织步骤：

❶ 用6号针起9针向四周环形织正针，这9针为9个加针点，隔1行在每个加针点的一侧加1针，一圈共加9针。

❷ 圆片半径为18cm时，每份共加出21针，取第1份和第6份中的22针平留，第2行时再平加出22针合成大圈继续环形织，形成的两个开口为袖窿口。在两个袖窿口正中位置各增加1个加针点，隔1行加1针共加27次。与其他加针点按相同规律加针。

❸ 圆片半径为40cm时，每份内共加出48针，此时改织3cm锁链球球针后松收平边。

❹ 用6号针从袖窿口挑出48针环形向下织正针，同时在袖腋处隔13行减1次针，每次减2针，共减6次，袖长至33cm时余36针，换8号针环形向下织15cm扭针单罗纹后收机械边形成袖子。

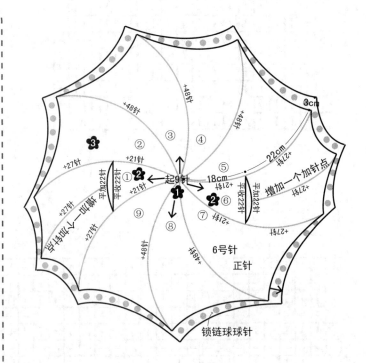

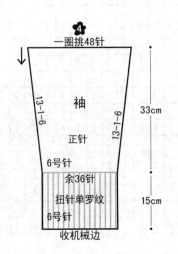

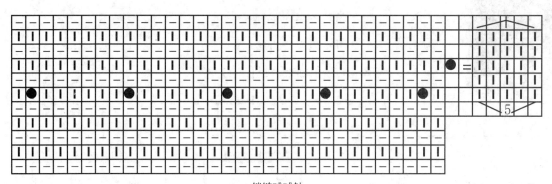

锁链球球针

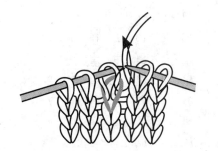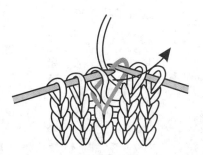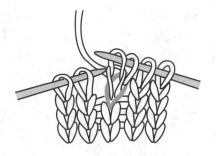

无洞加针方法

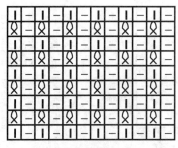

扭针单罗纹

小提示：
袖窿口的22针应串在备用针上平留，如果平收，此处弹性变小从而影响服装的舒适度。

星星几何上衣

xing xing ji he shang yi

11

材　　料：驼绒手织线

用　　量：550g

工　　具：6号针　8号针

尺　　寸：以实物为准

平均密度：10cm²=19针×24行

编织简述：

　　按要求分别织出前片、后片、左肋片、右肋片后，分别缝合形成正身，最后挑织领子和两袖。

编织步骤：

❶ 前片用6号针起53针按前片排花往返向上织25cm后松收平边。

❷ 后片用6号针起73针按后片排花往返向上织25cm后松收平边。

❸ 左肋片用6号针起30针按肋部排花往返向上织26cm后，从中间均分两片分别向上再织18cm，然后对折从内部缝合形成左肩头。

❹ 右肋片用6号针起30针按肋部排花往返向上织16cm后，从中间均分两片分别向上再织18cm，然后对折从内部缝合形成右肩头。

❺ 将左右肋片按图与前后缝合，用8号针从领口处挑出120针，环形紧织2cm扭针单罗纹后收机械边形成领子。

❻ 用6号针从袖窿口挑出48针环形向下织正针，同时在袖腋处隔9行减1次针，每次减2针，共减8次，袖长至35cm后换8号针改织10cm扭针单罗纹后收机械边形成袖边。

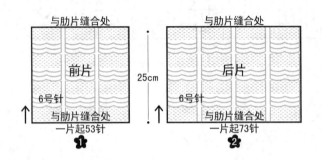

与肋片缝合处　　　　　与肋片缝合处

前片　　　　　后片　　25cm

6号针　　　　　6号针

与肋片缝合处　　　　　与肋片缝合处

一片起53针　　　　　一片起73针

❶　　　　　❷

前片排花：53针

13	7	13	7	13
星	反	星	反	星
星	针	星	针	星
方		方		方
凤		凤		凤
尾		尾		尾
针		针		针

后片排花：73针

13	7	13	7	13	7	13
星	反	星	反	星	反	星
星	针	星	针	星	针	星
方		方		方		方
凤		凤		凤		凤
尾		尾		尾		尾
针		针		针		针

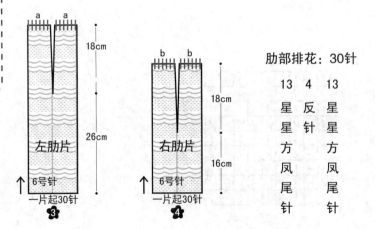

18cm

a　a　　　　　b　b

18cm

26cm　　　　　16cm

左肋片　　　　　右肋片

6号针　　　　　6号针

一片起30针　　　　　一片起30针

❸　　　　　❹

肋部排花：30针

13	4	13
星	反	星
星	针	星
方		方
凤		凤
尾		尾
针		针

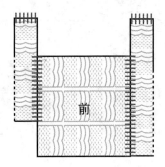

前

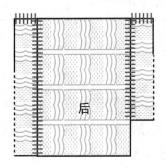

后

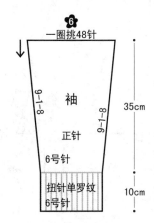

❻
一圈挑48针

袖

9-1-8   9-1-8

正针

6号针

扭针单罗纹
6号针

35cm

10cm

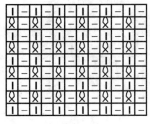

扭针单罗纹

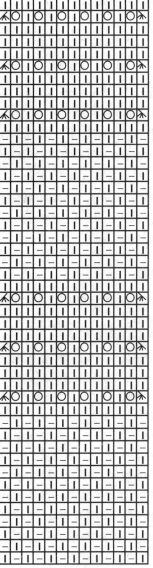

星星方凤尾针

小提示:
首先完成前后片,然后织
两肋片,并将前后片作为参照物边
比对边织。

纤腰开衫

xian yao kai shan

12

材　　料：275规格纯毛粗线

用　　量：600g

工　　具：6号针　8号针

尺寸（cm）：衣长68　袖长58　胸围79　肩宽30

平均密度：10cm²=19针×25行

编织简述：

按花纹织三个不同规格的长方形片，合针后形成大片往返向上织，减领口与减袖窿同时进行，前后肩头缝合后，门襟不必缝合，依然向上直织至后脖正中时对头缝合形成领子。袖从袖口处起针后环形向上织，同时在袖腋处规律加针至腋下，减袖山后余针平收，与正身整齐缝合。最后将左右衣片叠出褶皱后与后腰片缝合。

编织步骤：

❶ 用6号针起43针往返向上织15cm麻花针后停针待织。

❷ 再用6号针另线起40针，按衣片排花往返向上织3cm后，将一侧的33针扭针单罗纹改为横条纹针后，再往返向上织27cm，共织两个相同大小的衣片，注意花纹对称。

❸ 将后腰片均匀加至71针，与左右衣片合成整片共151针往返向上织20cm后减袖窿，①平收腋正中8针，②隔1行减1针减3次。

❹ 减袖窿的同时减领口，①在7锁链针的内侧隔1行减1针减6次，②隔3行减1针减6次。前后肩头缝合后，门襟的7锁链针不必缝合，依然向上直织至后脖正中时对头缝合形成领子。

❺ 袖口用8号针起40针环形织20cm扭针单罗纹后，换6号针改织正针，同时在袖腋处隔13行加1次针，每次加2针，共加4次，总长至45cm时减袖山，①平收腋正中8针，②隔1行减1针减13次，余针平收，与正身整齐缝合。

❻ 最后将左右衣片叠出褶皱后再与后腰片侧整齐缝合。

衣片排花：

33	7
扭针单罗纹	锁链针

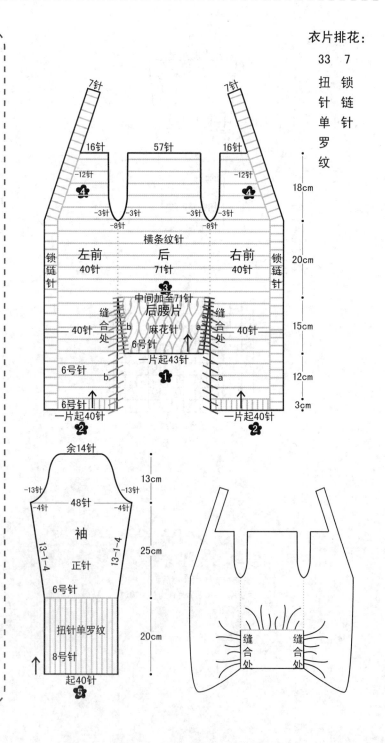

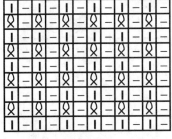

扭针单罗纹

锁链针

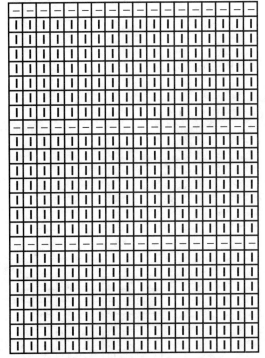

横条纹针

小提示：
左右衣片与后腰片缝合时注意，可先将衣片用针缝出褶皱，缩短后的长度与后腰片侧边长度相等时即可缝合，用这种方法缝出的效果整齐而精致。

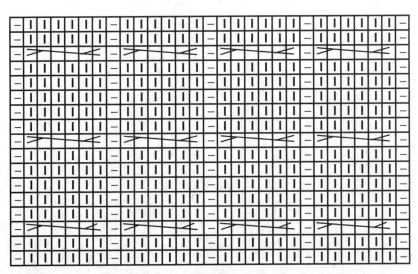

麻花针

塔塔上衣

ta ta shang yi

13

材　　料：羊仔毛线

用　　量：500g

工　　具：6号针 8号针

尺寸（cm）：衣长45（腋下至底边） 袖长45（腋下至袖口） 胸围81

平均密度：10cm² = 19针×24行

编织简述：

　　从领边起针后环形向下织，按图分针并在四个加针点两侧规律加针后形成两袖和正身，腋下加针后，分别将三部分合圈环形向下织。

编织步骤：

❶ 用8号针起90针环形向下织12cm扭针单罗纹形成领子。

❷ 换6号针改织正针并分针，前后片各31针、左右肩各10针、四个加针点分别为2针。

❸ 隔1行在四个加针点的两侧加1针共加18次，此时前后片各69针。在前后片的两侧各平加8针合成一圈共154针向下按花纹规律环形织，合圈后织45cm收针形成底边。

❹ 两袖完成加针后为48针，将正身腋部加的8针挑出后，与48针合成一圈共56针向下按花纹环形织袖子，同时在袖腋处隔7行减1次针，每次减2针，共减13次，总长至45cm时余30针后收平边形成袖口边。

分针、加针图：

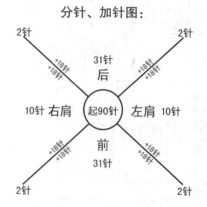

2针　　　　　　　　　　2针

+18针　　　31针　　　+18针
+18针　　　 后　　　 +18针

10针 右肩　起90针 左肩 10针

+18针　　　 前　　　 +18针
+18针　　　31针　　　+18针

2针　　　　　　　　　　2针

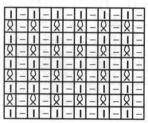

扭针单罗纹

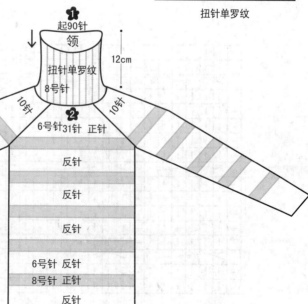

❶ 起90针

领

12cm

扭针单罗纹
8号针

10针　　　　　　　10针

❷
6号针31针 正针

反针

反针

反针

6号针 反针

8号针 正针

反针

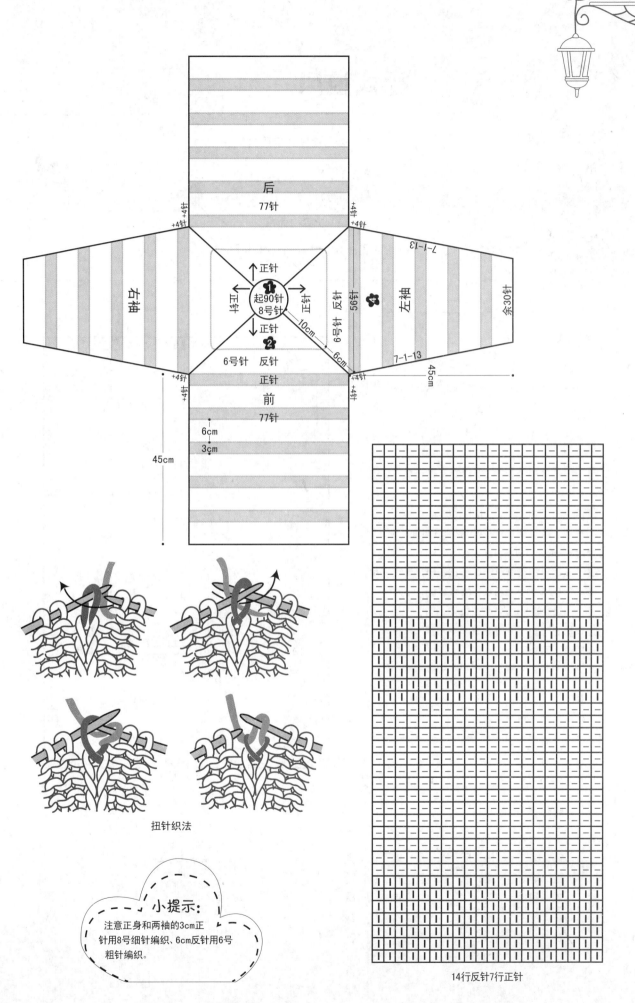

后
77针

右袖

+4针 +4针

正针
起90针
8号针 反针 正针
2

6号针 反针

正针
前
77针

6cm
3cm

45cm

+4针 +4针

+4针 +4针

10cm

6cm

56针

6号 反针

左袖

7-1-13

7-1-13

45cm

余30针

扭针织法

小提示:
注意正身和两袖的3cm正
针用8号细针编织、6cm反针用6号
粗针编织。

14行反针7行正针

93

德式披风

14 de shi pi feng

材　　料：286规格纯毛段染粗线

用　　量：650g

工　　具：6号针

尺寸（cm）：以实物为准

平均密度：10cm²=19针×24行

编织简述：

织一个长方形大片，在相应位置平收针后再平加针，形成两个开口为袖口，从此处挑织袖边。

编织步骤：

1 用6号针起150针往返织3cm扭针单罗纹。

2 按排花织35cm后，右边留42针，中间35针平收，第2行时再平加出原来平收的35针，形成的开口为袖口。

3 合片后再按花纹织65cm，按照原方法织第二个开口，合片后再按花纹织35cm后，改织3cm扭针单罗纹，收机械边。

4 在袖洞口用6号针挑出80针环形织7cm绵羊圈圈针后收平边。

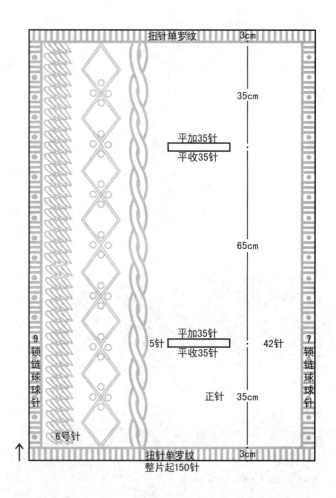

扭针单罗纹　　3cm

35cm

平加35针

平收35针

65cm

9 锁链球球针

平加35针

平收35针

5针　　　42针　　7 锁链球球针

正针　　35cm

6号针

扭针单罗纹　　3cm

整片起150针

整体排花：150针

9	15	3	15	3	7	3	6	82	7
锁链球球针	绵羊圈圈针	反针	海棠菱形针	反针	正针	反针	麻花针	正针	锁链球球针

挑出80针环形织

袖

绵羊圈圈针　　7cm

6号针

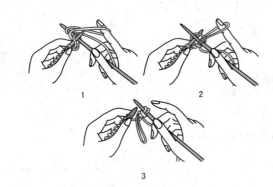

1 2

3

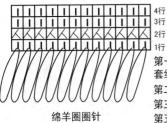

4行
3行
2行
1行

绵羊圈圈针

小提示：
绵羊圈圈针长度6cm，隔一行做一行圈圈。

第一行：右食指绕双线织正针，然后把线套绕到正面，按此方法织第2针。

第二行：由于是双线所以2针并1针织正针。

第三、四行：织正针，并拉紧线套。

第五行以后重复第一到第四行。

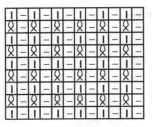

扭针单罗纹

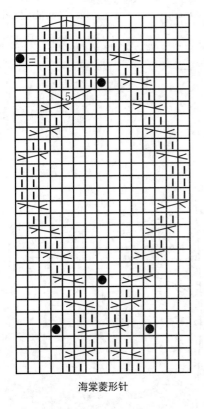

海棠菱形针

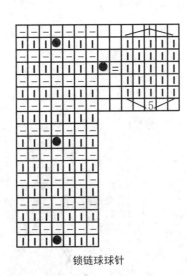

锁链球球针

麻花针

魔法开衫

材　料：纯毛合股线

用　量：450g

工　具：6号针

尺　寸：以实物为准

平均密度：$10cm^2$=19针×24行

编织简述:

　　按要求织两个带开口的圆片, 对折形成半圆形后在后背正中缝合; 然后缝合肩头, 最后从袖窿口环形挑织袖子。

编织步骤:

❶ 用6号针起12针从中间往返向四周织锁链球球针, 同时将12针分为12份, 隔3行在每份内加1针, 半径为22cm时松收平边形成中间带开口的圆片, 共织两个相同大小的圆片。

❷ 将两个圆片以开口处为界对折形成半圆形, 左右各取25cm缝合形成后背。

❸ 在开口上边半圆的两侧各取5cm缝合形成肩头。

❹ 肩头缝合后形成袖窿口, 从此处挑出40针, 用6号针环形织50cm扭针单罗纹后收机械边形成袖子。

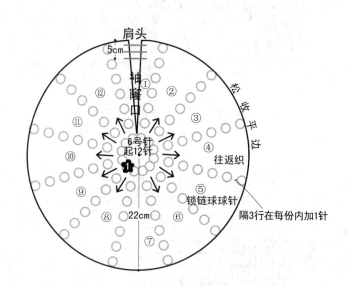

扭针单罗纹

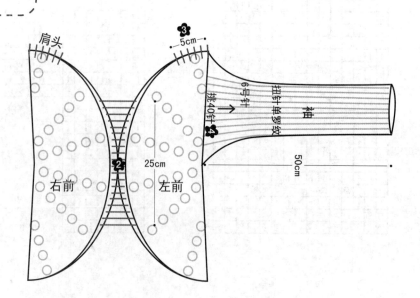

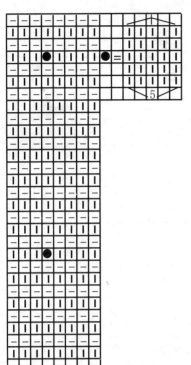

锁链球球针

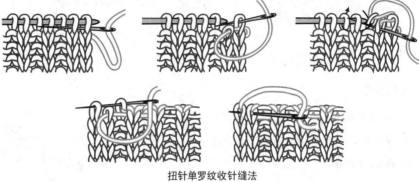

扭针单罗纹收针缝法

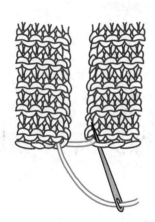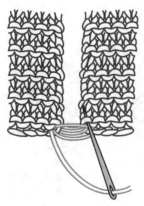

链锁针左右缝合方法

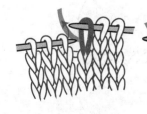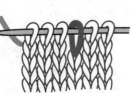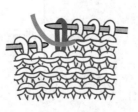

挑针方法

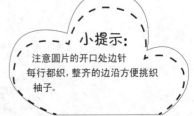

小提示：
注意圆片的开口处边针
每行都织，整齐的边沿方便挑织
袖子。

莲花淑女帽

16

lian hua shu nv mao

材　　料：羊仔毛

用　　量：200g

工　　具：6号针

尺　　寸：以实物为准

平均密度：$10cm^2$=18针×24行

编织简述：

　　从帽下沿起针后环形向上织，相应长后，将整圈均分8份，并按规律在每份内减针，最后在帽顶收针。

编织步骤：

1 用6号针起112针环形向上织莲花针。

2 总长至25cm时改织锁链针，同时将112针均分8份，每份14针，隔3行在每份内减2针，共减7次。

3 最后在内部系紧固定形成帽子。

环形针用法

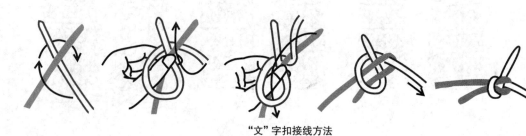

"文"字扣接线方法

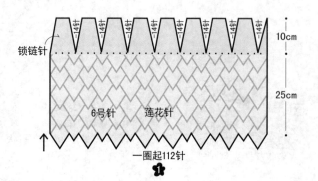

锁链针

10cm

25cm

6号针　莲花针

一圈起112针

1

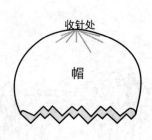

收针处

帽

减针方法

在1正针的两侧挑加针，此方法不易出现孔洞。

小提示：
起针时用绕线起针法、加针和减针时按要求操作。

莲花针

绕线起针方法

上装式披肩

shang zhuang shi pi jian

材　　料：纯毛手织中粗线

用　　量：650g

工　　具：6号针　8号针　3.0钩针

尺　　寸：以实物为准

平均密度：10cm²=19针×24行

编织简述：

　　起针后往返向上织披肩大片，然后按要求减针；分别起针往返织左、右前片，在肩头和两肋位置与披肩缝合，最后挑织领子并钩织花边。

编织步骤：

❶ 用6号针起183针往返向上织横条纹针。

❷ 在两个减针点的外侧隔3行减1次针，共减43次，后背片的61针不动。

❸ 右前片用6号针起12针往返向上织星星针，同时在一侧加针形成圆下摆效果，①隔1行加5针加1次，②隔1行加4针加1次，③隔1行加3针加1次，④隔1行加2针加1次，⑤隔1行加1针加5次。整片共31针往返向上织28cm后减袖窿，①平收腋一侧4针，②隔1行减1针减4次。距后脖9cm时减领口，①平收领一侧5针，②隔1行减3针减1次，③隔1行减2针减1次，④隔1行减1针减1次，余针平收，与后肩头缝合。

❹ 左前片织法同右前片，注意对称。左右前片与后肩头缝合后，将肋部与后背片减针点位置按相同字母a与a、b与b从内部缝合。

❺ 用8号针从领口处挑出88针环形向上织15cm扭针双罗纹后收机械边形成高领。

❻ 用3.0钩针在下摆边沿钩8cm鲤鱼鱼鳞花纹。

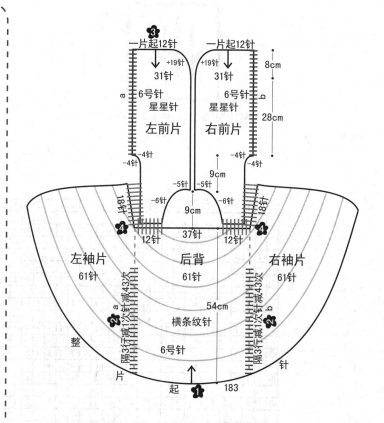

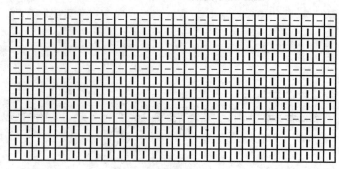

横条纹针

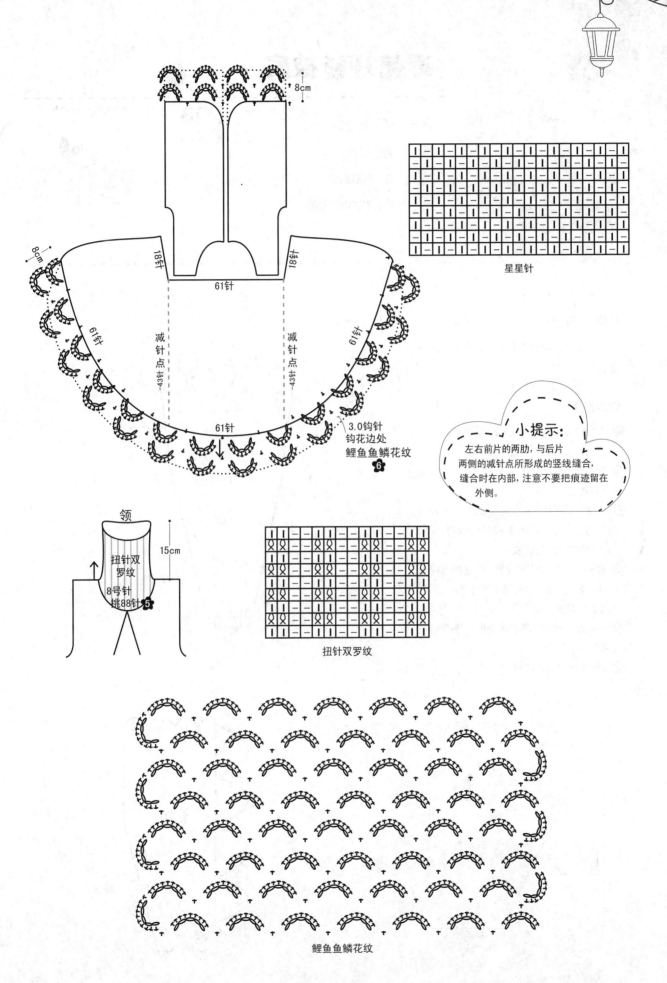

8cm

8cm

18针

61针

18针

61针

61针

减针点 43行

减针点 43行

3.0钩针
钩花边处
鲤鱼鱼鳞花纹
❻

星星针

领

15cm

扭针双
罗纹

8号针
挑88针 ❺

扭针双罗纹

小提示:
左右前片的两肋,与后片
两侧的减针点所形成的竖线缝合,
缝合时在内部,注意不要把痕迹留在
外侧。

鲤鱼鱼鳞花纹

透花开衫披肩

材　料：腈纶线

用　量：450g

工　具：5.0钩针

尺　寸：以实物为准

18

tou hua kai shan pi jian

编织简述：

　　从上向下按花纹钩各片，缝合后钩织领子。

编织步骤：

❶ 用5.0钩针起40针从后片后脖处起针往返向上钩织，同时在两侧规律加针。

❷ 至30cm时停止加针，往返向上钩18cm时完成后背片。

❸ 袖按后背片方法从肩向袖口钩织，加针方法同后背片，起24针至30cm时停止加针，不加减向上钩28cm后完成袖片。

❹ 右前片从领口处起14针，往返向上钩织30cm，同时在右侧加出两个完整花纹，最后不加减往返钩18cm。

❺ 将两袖、后背片、左右前片缝合。最后钩花边领子和左右门襟。

❻ 按图钩包扣，缝在服装左门襟处。

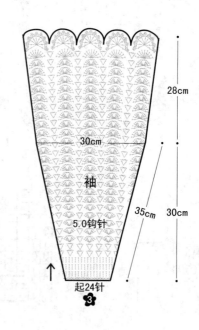

28cm

30cm

袖

35cm

30cm

5.0钩针

起24针

❸

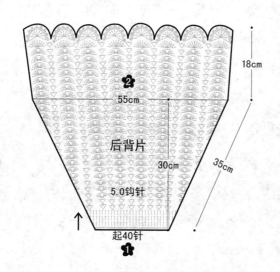

❷

18cm

55cm

后背片

30cm

35cm

5.0钩针

起40针

❶

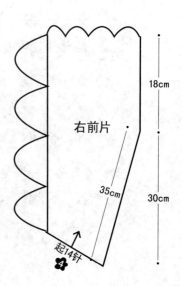

18cm

右前片

35cm

30cm

起14针

❹

包扣钩法：

小提示：
钩织领子花边时注意整齐
对称。

花边领及门襟花纹

花叶帽衫

材　　料：羊毛合股线

用　　量：650g

工　　具：6号针　8号针

尺　　寸：以实物为准

平均密度：10cm²=19针×24行

19 *hua ye mao shan*

编织简述:

　　从中间起针后向四周环形织长方形片并留好开口，共织两个相同大小的长方形片，在后背正中缝合后，再缝合前后肩头，余针向上往返织帽子；两个开口为袖窿口，从此处挑针环形向下织袖子。

编织步骤:

❶ 用6号针从中间起8针后环形向四周织长方形片，并按图留开口。边长至100针时收针形成右前片。

❷ 按以上方法完成左前片。

❸ 将左、右前片按相同字母aa缝合形成后背正中线、相同字母bb和cc缝合为左右肩头。

❹ 两肩缝合后，余针是挑织帽片的位置。从左右领口各挑出25针，从后脖挑出31针，共合成81针按帽子排花往返向上织，同时在正中1针的左右隔1行加1针共加5次，整片共91针往返向上织，总长至28cm时，在正中1针的两侧再隔1行减1针共减5次，此时余81针对折从内部缝合形成帽子。

❺ 用6号针从袖窿口挑出66针环形向下织正针，同时在袖腋处隔7行减1次针，每次减2针，共减13次，总长至38cm时余40针，换8号针环形向下织8cm扭针单罗纹后收机械边形成袖口。

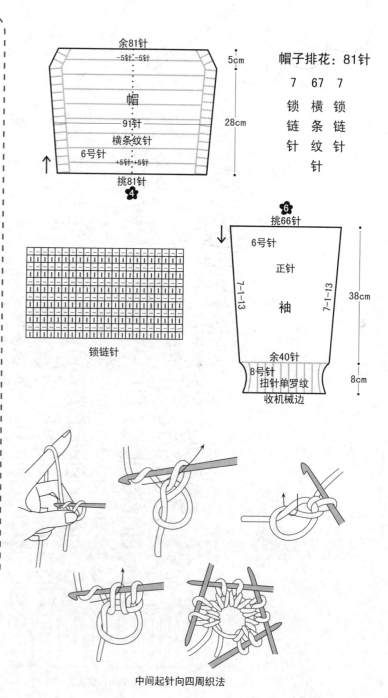

余81针
-5针 -5针
帽
91针
横条纹针
6号针
+5针 +5针
挑81针
❹

5cm
28cm

帽子排花：81针
7　67　7
锁　横　锁
链　条　链
针　纹　针
针

锁链针

挑66针
❻
6号针
正针
袖
7-1-13　　　7-1-13
余40针
8号针
扭针单罗纹
收机械边
38cm
8cm

中间起针向四周织法

帽片挑针图：

左前	后脖	右前
25针	31针	25针

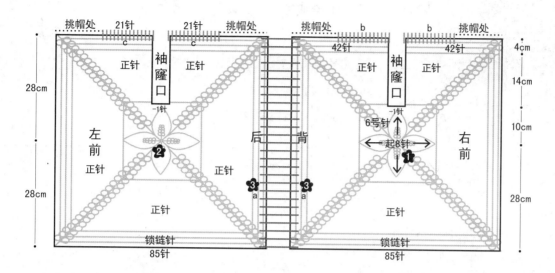

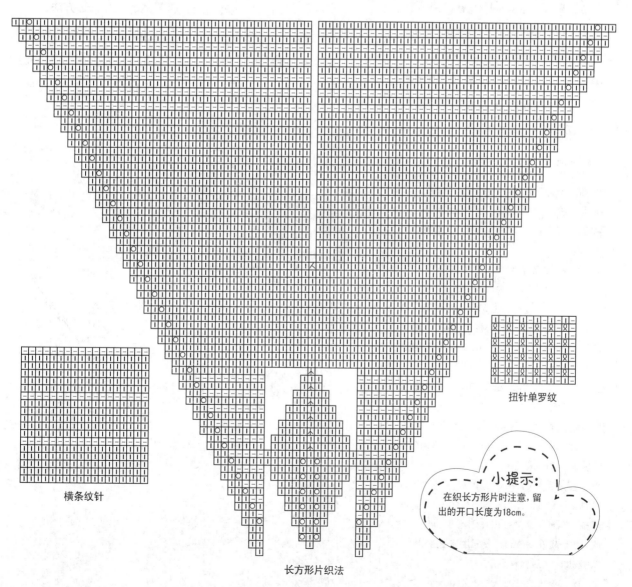

横条纹针

长方形片织法

扭针单罗纹

小提示：
在织长方形片时注意，留出的开口长度为18cm。

三层飞肩小上衣

材　　料：羊毛合股线

用　　量：650g

工　　具：6号针　8号针

尺　　寸：以实物为准

平均密度：$10cm^2$=19针×24行

编织简述：

从领口起针后环形向下织，依照分针图分好前后和两肩，在前后加针点隔1行加1次针；在两肩加针点隔3行加1次针。完成加针后，将正身合围向下织，并继续在前后正中隔1行3针并1针、在肋部正中1针的两侧隔1行空加1针，至下摆后收针形成正身；两肩完成加针后，往返织相应长收针形成盖袖，最后在盖袖上分三次挑织三层飞边。

编织步骤：

❶ 用8号针起90针环形织2cm扭针单罗纹后，换6号针按分针图环形向下织横条纹针。

❷ 前后片各21针，左右肩各20针，4个加针点，每个2针。

❸ 前后片的加针点隔1行加1针共加18次。

❹ 两肩加针点隔3行加1次针共加9次。

❺ 完成加针后，前后片各57针、4个加针点均分到的1针合围共118针环形向下织，在两肋正中1针的两侧隔1行各加1针，在前后正中隔1行3针并1针。

❻ 总长至35cm时，改织3cm锁链针后松收平边完成正身。

❼ 肩部完成加针后共38针，加上两个加针点均分到的1针共40针，用6号针往返织3cm锁链针后收平边形成盖袖。

❽ 按图从盖袖的肩部挑出23针，往返织5cm铃铛花后松收平边形成第一层飞边；然后在盖袖上再横挑出31针织铃铛花，至5cm时松收平边形成第二层飞边，第三层飞边挑39针，依然织5cm最后松收平边。

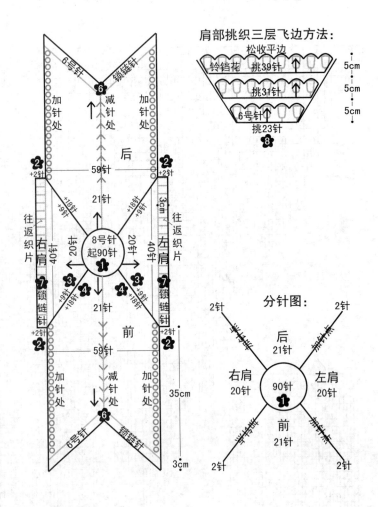

肩部挑织三层飞边方法：

松收平边

铃铛花　挑39针　↑　5cm

挑31针　↑　5cm

6号针　挑23针　↑　5cm

8

分针图：

后 21针

右肩 20针　90针　左肩 20针

前 21针

2针　2针（四角）

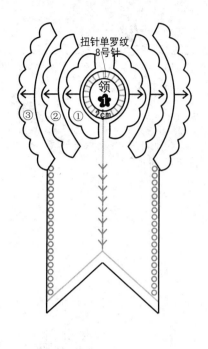

扭针单罗纹
8号针

领
2cm

③ ② ①

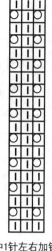

肋正中1针左右加针方法

扭针单罗纹

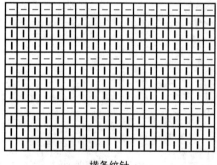

横条纹针

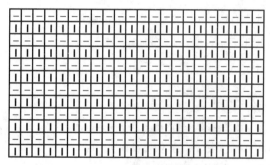

锁链针

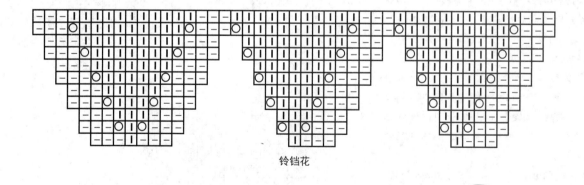

铃铛花

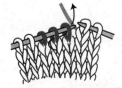

中间在上3针并1针方法

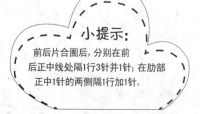

小提示:

前后片合圈后,分别在前
后正中线处隔1行3针并1针;在肋部
正中1针的两侧隔1行加1针。

107

皮草纤袖开衣

21

pi cao qian xiu kai yi

材　　料：羊仔毛线

用　　量：650g

工　　具：6号针　8号针

尺寸（cm）：衣长54　袖长58　胸围77　肩宽23

平均密度：10cm² = 19针×24行

编织简述：

　　起针后往返织左右门襟，然后织后腰片，三部分织好后串在一起形成大片往返向上织，只减袖窿不减领口，前后肩头等高后缝合，门襟的针不缝，依然向上直织至后脖正中时对头缝合形成后领子；袖口起针后环形向上织，同时在袖腋处规律加针至腋下，减袖山后余针平收，与正身整齐缝合。

编织步骤：

1 用6号针起44针按门襟排花往返向上织33cm后停针形成门襟衣片，共织两个相同大小的门襟衣片，注意左右对称。

2 另线用6号针起48针往返织18cm贝壳针后，将48针均匀加至60针并与左右门襟衣片合成大片共148针按整体排花往返向上织18cm后减袖窿，①平收腋正中8针，②隔1行减1针减4次。

3 距后脖18cm时减领口，①在12针麻花针的内侧隔1行减1针减6次，②隔3行减1针减6次。前后肩头缝合后，门襟的12麻花针不必缝合，依然向上直织至后脖正中时对头缝合形成领子。

4 袖口用8号针起40针环形织20cm扭针单罗纹后，换6号针改织正针，同时在袖腋处隔13行加1次针，每次加2针，共加4次，总长至45cm时减袖山，①平收腋正中8针，②隔1行减1针减13次，余针平收，与正身整齐缝合。

5 最后按相同字母，将左右门襟衣片与后腰处18cm贝壳针的侧面缝合。

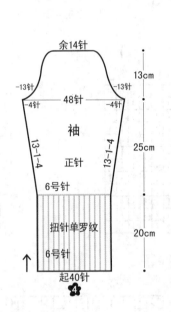

余14针

-13针　　　　-13针

13cm

48针

-4针　　　　-4针

袖

13-1-4　　　　13-1-4

正针

25cm

6号针

扭针单罗纹

20cm

6号针

起40针

4

麻花针

宽锁链针

贝壳针

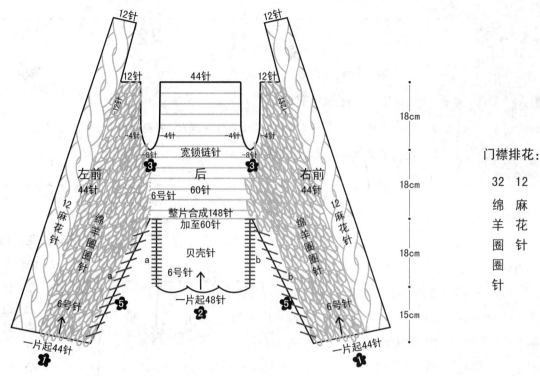

12针　　　　　　　　　12针

12针　　　44针　　　12针

18cm

-12针　　　　　　　　　　-12针

-4针　　-4针　　-4针　　-4针

-8针　宽锁链针　-8针

3　　　后　　　**3**

左前　　　　　　　　　右前
44针　　　60针　　　44针

18cm

6号针

12麻花针　绵羊圈圈针　整片合成148针　绵羊圈圈针　12麻花针
加至60针

18cm

a　　　贝壳针　　　b

a　6号针　　6号针　b

5　　　↑　　　**5**
一片起48针

15cm

6号针　　**2**　　6号针
↑　　　　　　　　↑

一片起44针　　　　　一片起44针

1　　　　　　　　　**1**

门襟排花：

32　12

绵　麻
羊　花
圈　针
圈
针

整体排花：

12　32　60　32　12

麻　绵　宽　绵　麻
花　羊　锁　羊　花
针　圈　链　圈　针
　　圈　针　圈
　　针　　　针

小提示：

左右门襟与后腰片缝合
时注意，后腰片拉直、左右门襟叠
出褶皱。

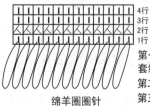

4行
3行
2行
1行

绵羊圈圈针

第一行：右食指绕双线织正针，然后把线
套绕到正面，按此方法织第2针。
第二行：由于是双线所以2针并1针织正针。
第三、四行：织正针，并拉紧线套。
第五行以后重复第一到第四行。

1　　　　　2　　　　　3

绵羊圈圈针

精美花纹开衣

22 *jing mei hua wen kai yi*

材　　料：羊毛合股线

用　　量：650g

工　　具：6号针

尺寸（cm）：衣长53　袖长57　胸围75　肩宽34

平均密度：10cm²=20针×24行

编织简述：

从下摆起针后按排花往返向上织，至腋下时减袖窿，减领口的同时左右前片改织其他花纹。前后肩头缝合后，门襟依然向上直织，至后脖正中时对头缝合；袖口起针后按排花环形向上织，同时在外臂均匀加针，至腋下时减袖山，最后平收余针，与正身整齐缝合。

编织步骤：

1 用6号针起150针按整体排花往返向上织。

2 总长至35cm后减袖窿，①平收前腋4针，后片不减针，②前腋隔1行减1针减5次。

3 减袖窿的同时将左右前片改织星星针并减领口，①在7针锁链针的内侧隔1行减1针减17次，②余针向上直织。前后肩头缝合后，门襟的7针不缝，依然向上直织至后脖正中时对头缝合形成领子。

4 袖口用6号针起37针按袖子排花环形向上织，同时在两个花纹正中1针的两侧隔13行加1次针，共加8次，加出针织星星针，总长至44cm时，中间星星针为17针。至腋下时减袖山，①平收腋正中8针，②隔1行减1针减13次，余针平收，与正身整齐缝合。

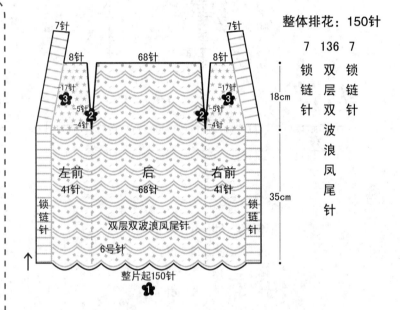

整体排花：150针

7　136　7
锁　双　锁
链　层　链
针　双　针
　　波
　　浪
　　凤
　　尾
　　针

7针　　　　　　　　　　　　7针
8针　　　68针　　　8针

-17针
3
-5针
2
-4针

18cm

左前　　　后　　　右前
41针　　68针　　41针

锁链针　　　　　　　　锁链针

双层双波浪凤尾针

6号针

35cm

整片起150针
1

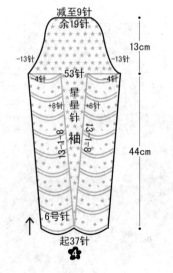

袖子排花：37针

17　1　1　1　17
双　反　星　反　双
层　针　星　针　层
双　　　针　　　双
波　　　　　　　波
浪　　　　　　　浪
凤　　　　　　　凤
尾　　　　　　　尾
针　　　　　　　针

减至9针
余19针

-13针　　　-13针
13cm

53针
-4针　　　-4针

星
星
针

+8针　　+8针

13-1-8　　13-1-8

袖

44cm

6号针

起37针
4

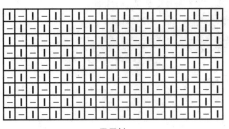

星星针

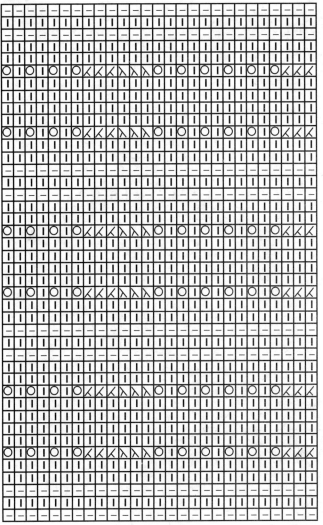

双层双波浪凤尾针

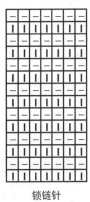

锁链针

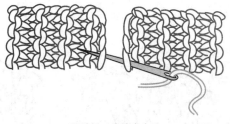

锁链针对头缝合方法

小提示:
织袖子时注意不在袖腋处加针,而是加在外臂处。

多用的披肩

23 *duo yong de pi jian*

材　　料：纯毛手织粗线

用　　量：500g

工　　具：6号针

尺　　寸：以实物为准

平均密度：10cm²=17针×36行

编织简述：

　　起针后按花纹环形向上织形成筒状，最后松收平边。

编织步骤：

❶ 用6号针起168针环形向上织莲花针。

❷ 至40cm时形成筒状松收平边形成披肩。

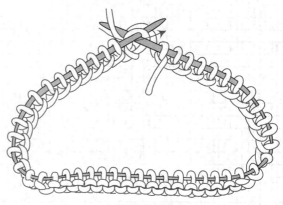

环形针用法

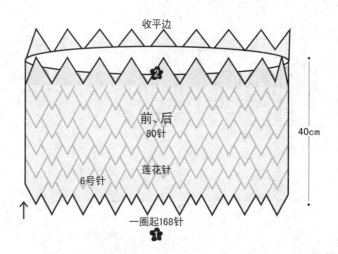

收平边

2

前、后

80针

莲花针

6号针

40cm

一圈起168针

1

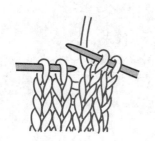
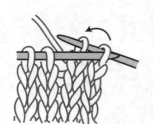

收平边方法

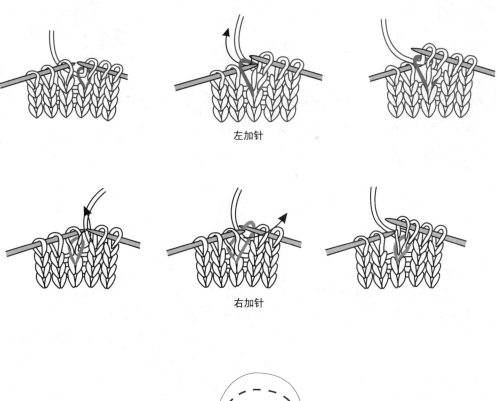

左加针

右加针

小提示：
披肩也可作为短裙或围巾穿着合佩戴。

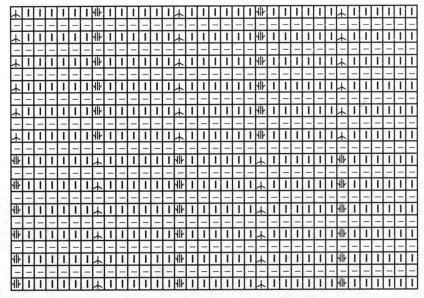

莲花针

铃铛花圆开衣

材　　料：羊仔毛手织线

用　　量：550g

工　　具：6号针

尺　　寸：以实物为准

平均密度：10cm²=19针×24行

24

ling dang hua yuan kai yi

编织简述：

　　从中心起针后环形向四周织两个有长洞的圆形，将圆形在后背处缝合后，另线起针织袖子，最后将袖山与长洞位置缝合。

编织步骤：

❶ 用6号针从中间起8针，同时将这8针当作加针点，隔3行在每个加针点的两侧各加1针，加出针织正针。

❷ 半径至5cm时，改往返织15cm后再合圈织5cm铃铛花，圆片外形不变，形成的长洞为袖窿口。

❸ 共织两个相同大小的有洞圆片，取35cm在后背处缝合，缝合时注意只缝正针，铃铛花不必缝合。

❹ 袖口用6号针起35针按袖子排花环形向上织，同时在袖腋处隔15行加1次针，每次加2针，共加6次，总长至43cm时减袖山，①平收腋正中8针，②隔1行减1针减13次，余针平收，与袖窿口整齐缝合。

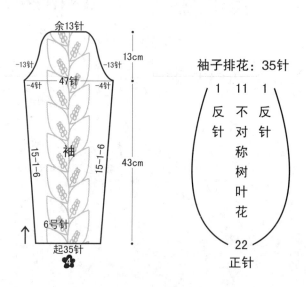

余13针

−13针　−13针

−4针　47针　−4针

袖

13cm

15-1-6　15-1-6

43cm

6号针

起35针

❹

袖子排花：35针

1　11　1

反　不　反
针　对　针
　　称
　　树
　　叶
　　花

22

正针

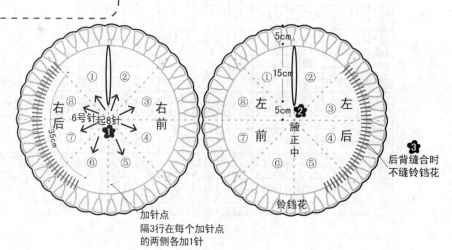

6号针起8针

右后　右前

❶

左　左

前　后

腋正中

❷

铃铛花

❸
后背缝合时
不缝铃铛花

加针点
隔3行在每个加针点
的两侧各加1针

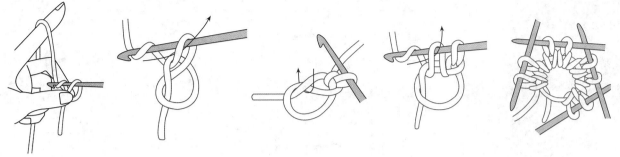

中间起针向四周织方法

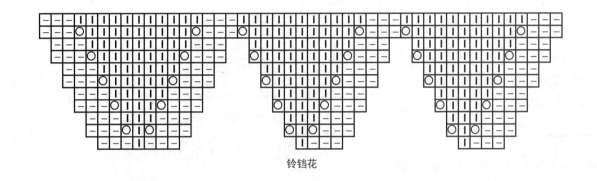

铃铛花

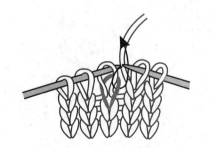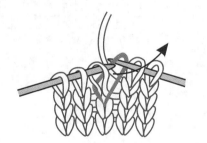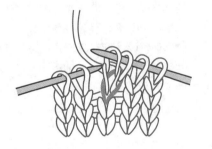

挑加针方法

不对称树叶花

小提示:
后背缝合时注意,只在铃铛花针根部的正针处取35cm缝合,完成后两组铃铛花相对。

115

直领披风

材　　料：纯毛合股线

用　　量：500g

工　　具：6号针

尺　　寸：以实物为准

平均密度：10cm²=19针×24行

28 *zhi ling pi feng*

编织简述：

　　按花纹往返织一个长方形片，左右肩头缝在一起后，余针环形向上织领子，最后在相应位置挑织两袖。

编织步骤：

❶ 用6号针起188针往返向上织55cm对圆花纹。

❷ 取两侧的49针织缝。

❸ 长方形片余下的90针用6号针合圈环形向上织15cm后松收平边形成领子。

❹ 用6号针分别在左、右袖窿口13cm位置挑出36针，环形向下织30cm横条纹针后收针形成袖子。

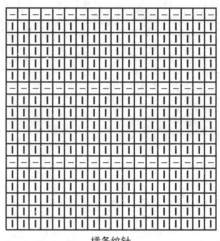

横条纹针

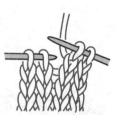

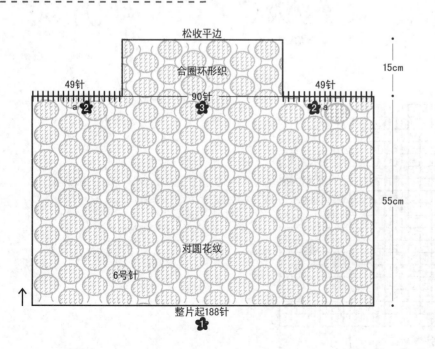

松收平边

合圈环形织

49针　　　　　90针　　　　　49针

a ❷　　　❸　　　❷ a

15cm

55cm

对圆花纹

6号针

整片起188针

❶

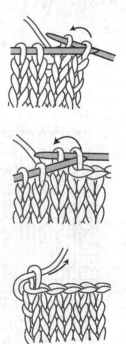

收平边方法

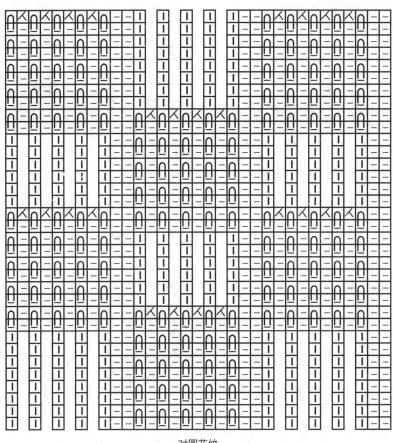

对圆花纹

小提示:
领边完成后注意松收平边。

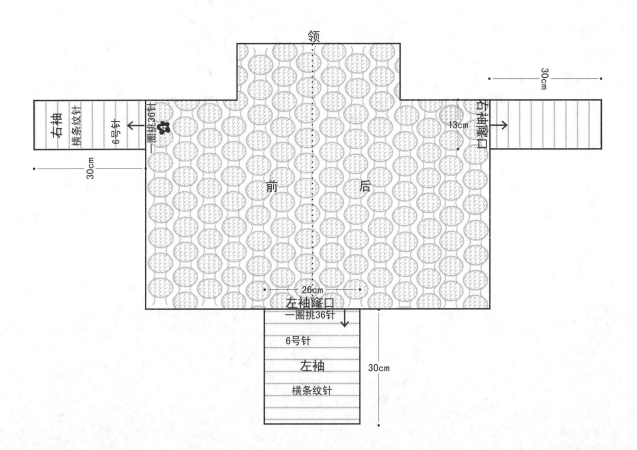

凹凸披肩

29

ao tu pi jian

材　　料：羊仔毛线

用　　量：450g

工　　具：6号针

尺　　寸：以实物为准

平均密度：$10cm^2$=18针×24行

编织简述：

　　起针后按花纹往返织一个长方形片，然后依照相同字母缝合两个侧边形成披肩，最后在袖窿口挑针环形向下织袖子。

编织步骤：

❶ 用6号针起202针往返向上织莲花针。

❷ 总长至60cm时松收平边形成长方形。

❸ 按相同字母缝合形成披肩，未缝合的位置为袖窿口。

❹ 用6号针从袖窿口挑出32针，环形向下织45cm横条纹针后收针形成袖子。

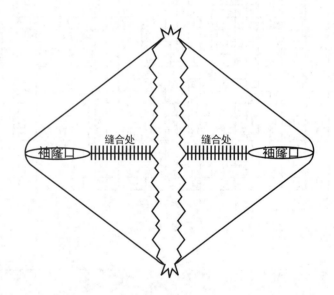

缝合处　　　缝合处

袖窿　　　　　　　　　　袖窿

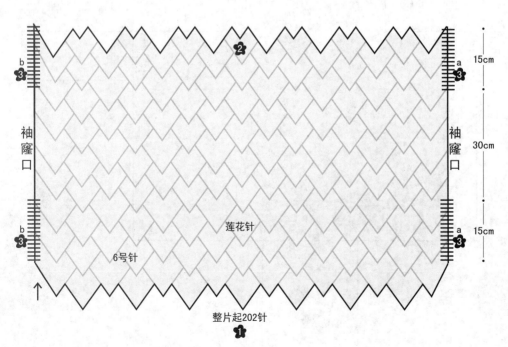

❷

b ❸

a ❸

15cm

袖窿口

袖窿口

30cm

莲花针

b ❸

a ❸

15cm

6号针

整片起202针

❶

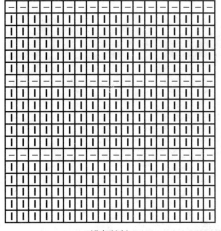

横条纹针

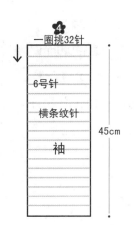

小提示:
按相同字母缝合时注意手法放松,以免影响服装弹性。

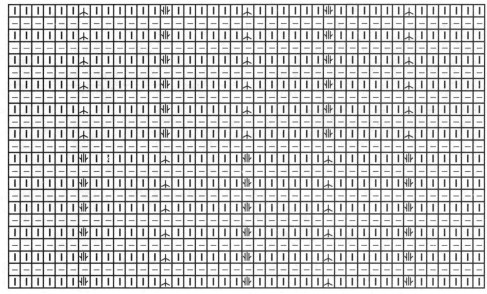

莲花针

绕线起针方法

高级灰披肩

gao ji hui pi jian

材　　料：腈纶马海毛合股线

用　　量：450g

工　　具：直径0.6cm的粗竹针　8.0粗钩针

尺　　寸：以实物为准

平均密度：$10cm^2$=20针×25行

编织简述：

　　起针后往返织一个长方形片，按相同字母缝合后形成披肩，最后环形钩两袖和门襟。

编织步骤：

1️⃣ 用直径0.6cm的粗竹针起142针往返向上织双罗纹针。

2️⃣ 总长至56cm时收机械边形成长方形片。

3️⃣ 取两侧各15cm按相同字母缝合形成披肩，左右的长洞为袖窿口。

4️⃣ 用8.0粗钩针从袖窿口环形钩24cm十字花后形成袖子，在标注位置环形钩24cm形成门襟花边。

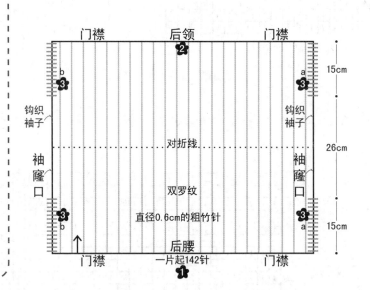

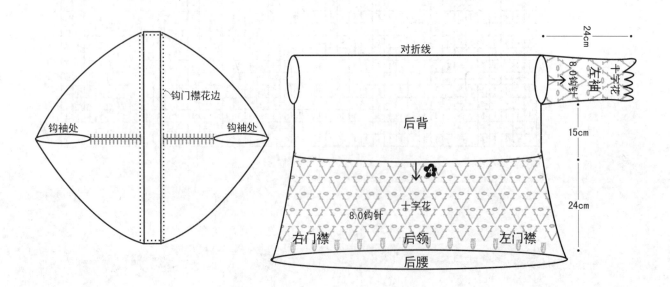

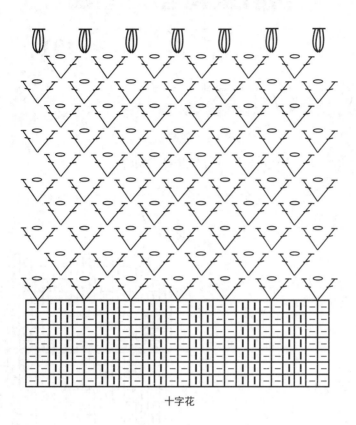

十字花

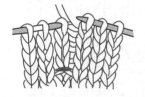

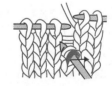

织错1针的补救方法

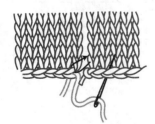
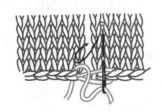

缝合方法

双罗纹

小提示：
钩织花边时注意手法放松，使花边立体而有质感。

松肩紧袖套头上衣

31

song jian jin xiu tao tou shang yi

材　　料：羊毛合股线

用　　量：650g

工　　具：6号针　8号针

尺　　寸：以实物为准

平均密度：$10cm^2$=20针×24行

编织简述:

　　按排花往返织一个中间有洞口的长方形片,依照相同字母缝合后形成两袖,最后分别环形挑织两袖、领子和下摆。

编织步骤:

❶ 用6号针起100针按排花往返向上织。

❷ 总长至40cm后,分左右片向上织,同时在左片边沿隔1行减1针共减10次。左片余40针,右片50针,分别往返向上织,左片织5cm后,在边沿隔1行加1针,共加10次后,合成原有的100针大片往返向上织40cm后收平边。

❸ 按相同字母aa和bb缝合后形成两袖,用8号针挑出48针,环形织40cm扭针双罗纹后收机械边形成袖子。

❹ 分左、右片织的位置为领口,用8号针从此处挑出96针,环形向上织13cm扭针单罗纹后收机械边形成高领。

❺ 从下沿挑出120针,用8号针环形向下织20cm扭针双罗纹后收机械边形成下摆边。

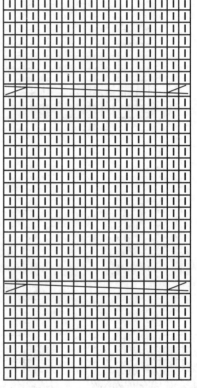

麻花针

小提示:

挑织领口时注意整齐并保持左右均匀对称。

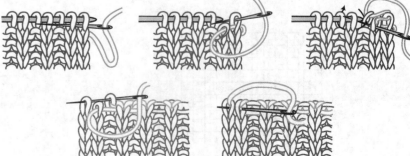

扭针单罗纹收针缝法

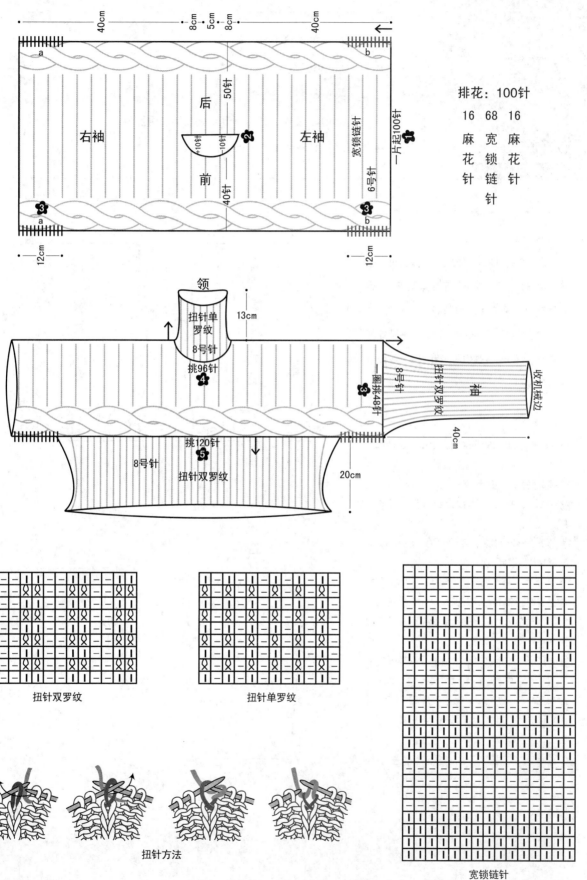

排花：100针

16	68	16
麻花针	宽锁链针	麻花针

40cm   8cm 5cm 8cm   40cm

a

右袖

后

前

左袖

宽锁链针

6号针

一片起100针

50cm

40cm

40cm

10针 10针

12cm

12cm

领

13cm

扭针单罗纹

8号针

挑96针

一圈挑48针

8号针

扭针双罗纹

袖

收针藏边

40cm

挑120针

8号针

扭针双罗纹

20cm

扭针双罗纹

扭针单罗纹

扭针方法

宽锁链针

花球高腰上衣

32

hua qiu gao yao shang yi

材　　料：羊毛合股线

用　　量：650g

工　　具：6号针 8号针

尺寸（cm）：衣长52 袖长55 胸围70 肩宽24

平均密度：10cm² = 20针×24行

编织简述：

从下摆起针后环形向上织，按花纹分布先织中间再织两侧。至腋下后减袖窿，然后减领口，前后肩头缝合后挑织领子；袖口起针后按袖子排花环形向上织，同时在袖腋处规律加针至腋下，减袖山后余针平收，与正身整齐缝合。

编织步骤：

❶ 用8号针起140针环形向上织15cm扭针单罗纹。

❷ 换6号针改织正针。

❸ 正针织19cm后，再按正身排花环形向上织。

❹ 总长至34cm时减袖窿，①平收腋正中6针，②隔1行减1针减3次。

❺ 距后脖4cm时，取领正中的22针平留，左右向上直织。前后肩头缝合后，从领口处挑出96针，用8号针紧织1cm扭针单罗纹后收机械边形成小方领。

❻ 袖口用6号针起34针按袖子排花环形向上织，同时在袖腋处隔11行加1次针，共加9次，总长至42cm时减袖山，①平收腋正中6针，②隔1行减1针减13次，余针平收，与正身整齐缝合。

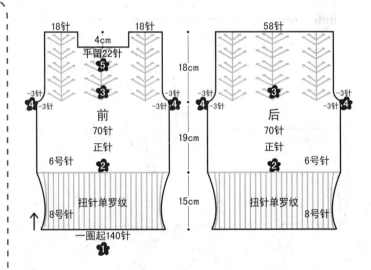

18针　　　　18针　　　　　58针

4cm
平留22针
❺

-3针　　　　　　　　　　　18cm
❹ -3针　　　　-3针　　　-3针　❹ -3针　　　　　-3针 ❹
前　　　　　　　　　后
70针　　　　　　　　　70针
正针　　19cm　　　正针
6号针 ❷　　　　　　　　❷ 6号针
扭针单罗纹　　15cm　扭针单罗纹
8号针　　　　　　　　　8号针
❶ 一圈起140针
❶

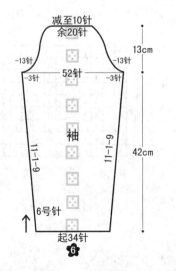

减至10针
余20针
-13针　　　　　　　13cm
-13针
-3针　52针　-3针
袖
11-1-9　　　　11-1-9
42cm
6号针
起34针
❻

袖子排花：34针

1　7　1
反　四　反
针　喜　针
花

25
正针

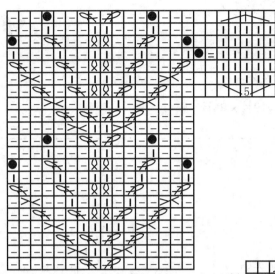

小树结果针

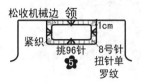

松收机械边 领

紧织

挑96针 8号针
扭针单
罗纹

1cm

5

正身排花：140针

16	4	16	4	16
小树结果针	正针	小树结果针	正针	小树结果针
14 正针				14 正针
16	4	16	4	16
小树结果针	正针	小树结果针	正针	小树结果针

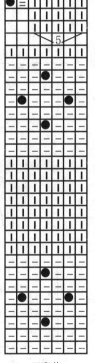

四喜花

扭针单罗纹

小提示：
领口挑针时要整齐紧密，
织出的领边才会精致。

浮雕感前卫上衣

33

fu diao gan qian wei shang yi

材　　料：驼绒手织线

用　　量：550g

工　　具：6号针　8号针

尺　　寸：以实物为准

平均密度：10cm² = 19针×24行

编织简述：

　　按要求分别织出前片、后片、左肋条、右肋条后分别缝合形成正身，最后挑织领子和两袖。

编织步骤：

❶ 前片用6号针起72针往返向上织24cm大辫子麻花针后松收平边。

❷ 后片用6号针起96针往返向上织24cm大辫子麻花针后依然松收平边。

❸ 右肋条用6号针起48针后，往返向上织38cm大辫子麻花针后，各取24针分别往返向上织18cm后对折从内部缝合形成右肩头。

❹ 左肋条用6号针起48针后，往返向上织28cm大辫子麻花针后，从中间均分，各取24针分别往返向上织18cm后对折从内部缝合形成左肩头。

❺ 将左右肋条按图与前后缝合，用8号针从领口处挑出120针，环形紧织2cm扭针单罗纹后收机械边形成领子。

❻ 用6号针从袖窿口挑出48针环形向下织正针，同时在袖腋处隔9行减1次针，每次减2针，共减8次，袖长至35cm后换8号针改织10cm扭针单罗纹后收机械边形成袖边。

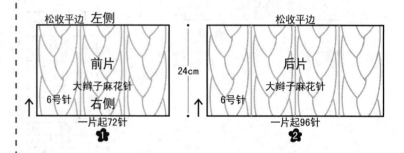

松收平边 **左侧**　　　　　松收平边

前片　　　　　　　**后片**　　24cm

大辫子麻花针　　　大辫子麻花针

6号针 **右侧**　　　　6号针

一片起72针　　　　　一片起96针

❶　　　　　　　　　❷

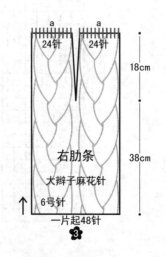
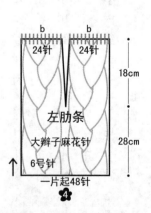

a　　　a　　　　　　　b　　　b

24针　24针　　　18cm　　24针　24针

　　　　　　　　　　　　　　　　　　18cm

右肋条　　　38cm　　**左肋条**

大辫子麻花针　　　　　大辫子麻花针　　28cm

6号针　　　　　　　　6号针

一片起48针　　　　　一片起48针

❸　　　　　　　　　❹

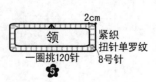

2cm

领　紧织
扭针单罗纹
一圈挑120针　8号针

❺

扭针单罗纹

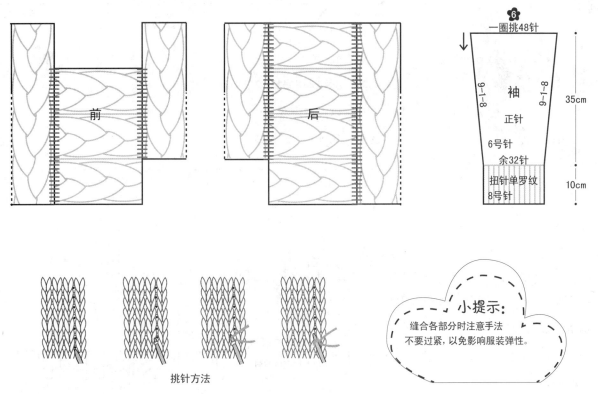

前

后

6
一圈挑48针

袖

正针

6号针

余32针

9-1-8

9-1-8

扭针单罗纹
8号针

35cm

10cm

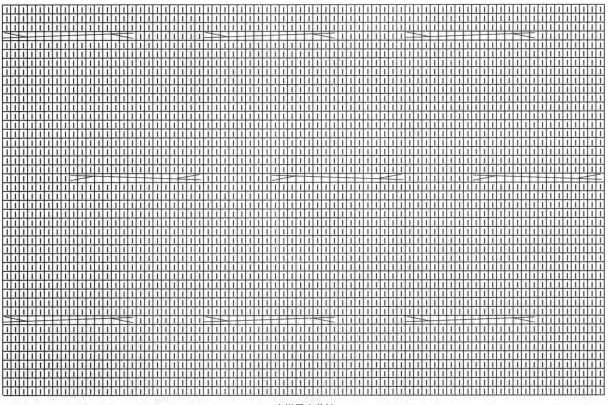

挑针方法

小提示：

缝合各部分时注意手法
不要过紧，以免影响服装弹性。

大辫子麻花针

长毛兔披肩

材	料：	纯毛手织中粗线
用	量：	400g
工	具：	6号针 8号针 3.0钩针
尺	寸：	以实物为准
平均密度：		10cm² = 19针×24行

34 *chang mao tu pi jian*

编织简述：

　　起针后往返向上织一个中间有洞的长方形，此处为兔子的身体，在长洞处挑织领子后，再分别挑织兔子的四肢，最后按图织兔头并将眼睛、嘴、尾巴按要求制作并将兔头固定在身体位置。

编织步骤：

❶ 用6号针起60针往返向上织28cm锁链绵羊圈圈针后，取中间的20针平留，左右各20针往返向上织4cm后，再平加出20针合成原来的60针往返向上织28cm后收针形成兔子的身体。

❷ 在起针和收针后分4个位置挑针，每处挑30针，用6号针往返织桂花针，同时在两侧隔1行减1针共减15针后形成三角形，此处为兔子的四肢。

❸ 中间平收针和平加针的位置形成领口，用8号针挑出90针环形织15cm扭针单罗纹后收机械边形成高领。

❹ 兔头用6号针起32针环形向上织正针，同时在两侧取2针做加针点，隔1行在加针点的两侧加1针加1次；每行加1针加4次，一圈共加出20针。整圈共52针环形向上织15cm后，取前后各6针从内部织缝在一起。两侧各余20针为兔子的耳朵，分别环形向上织8cm后，在两侧每1行减1针，共减3次。此时一圈余8针从内部织缝。从起针的开口处向内塞入丝棉后缝合开口，将兔头固定在身体适当位置。

❺ 按图钩两个圆球为兔子的眼睛，并用深色线绣出嘴和鼻。最后按图做毛线球缝在后腿之间作为兔子的小尾巴。

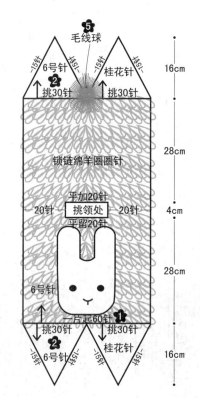

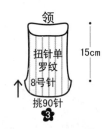

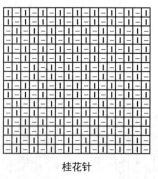

兔头织法：

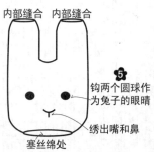

内部缝合　内部缝合

钩两个圆球作为兔子的眼睛

绣出嘴和鼻

塞丝绵处

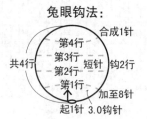

兔眼钩法：

扭针单罗纹

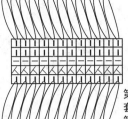

5行（同第一行）
4行
3行
2行
1行

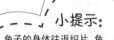

第一行：右食指绕双线织正针，然后把线
套绕到正面，按此方法织第2针。
第二行：由于是双线所以2针并1针织正针。
第三行：织反针。
第四行：织正针。
第五行以后重复第一到第四行。

绵羊圈圈针

小提示：
兔子的身体往返织织片、兔
头环形织，最后向头内塞入丝棉后再
缝合，使兔头立体逼真。

1　2　3

锁链绵羊圈圈针

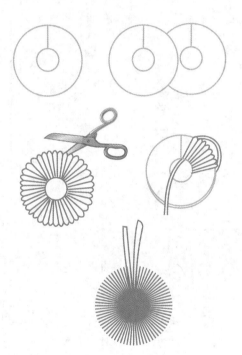

毛线球做法

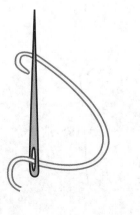

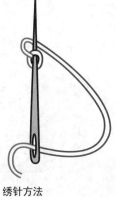

绣针方法

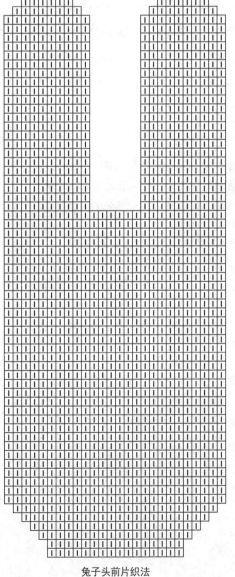

兔子头前片织法

经典的帽衫

材　　料：羊毛合股线

用　　量：650g

工　　具：6号针

尺寸（cm）：衣长55　袖长48（腋下至袖口）　胸围74　肩宽36

平均密度：10cm²=20针×24行

编织简述：

　　从下摆起针后按排花往返向上织，至腋下时，分出前后往返向上织，不必减袖窿。前后肩头缝合后，余针串在一起按排花往返向上织帽片，最后在头顶正中竖对折缝合；袖口起针后按袖子排花往返向上织，同时在袖腋处规律加针至腋下，余针不必平收，直接与袖窿口整齐钩缝。

编织步骤：

❶ 用6号针起158针按整体排花往返向上织。

❷ 总长至35cm后，将后背的72针、左右前片各41针分片往返向上织，只分片织，袖窿不必减针。

❸ 袖腋长20cm时，各取前后肩头21针缝合。

❹ 将左右领口余下的各20针和后脖余下的30针挑在一起，共70针用6号针按帽片排花往返向上织，同时在帽根正中隔1行左右各加1针共加8次，帽片为86针时往返向上织，至29cm时，再从正中的左右隔1行减1针共减5次，余下的76针对折从内部分钩缝形成帽子。

❺ 袖口用6号针起36针按袖子排花形向上织，同时在袖腋处隔7行加1次针，每次加2针，共加15次，总长至48cm时为66针不必收针，将这66针与袖窿口钩缝。

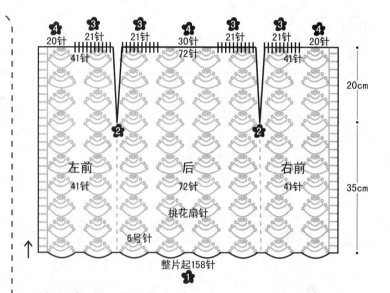

袖子排花：36针

1	5	11	1	5	1
反针	锁链针	反针	桃花扇针	反针	锁链针	反针

11
正针

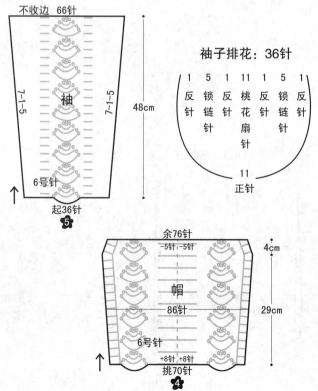

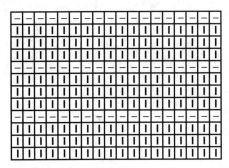

横条纹针

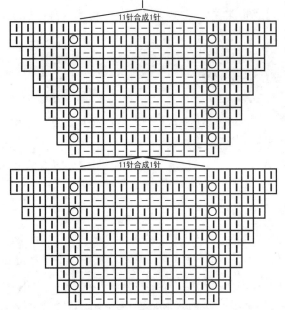

11针合成1针

11针合成1针

桃花扇针

锁链针

帽子排花：70针

5	2	11	2	4	2	18	2	4	2	11	2	5
锁链针	反针	桃花扇针	反针	正针	反针	横条纹针	反针	正针	反针	桃花扇针	反针	锁链针

整体排花：158针

腋正中　　后背正中　　腋正中

5	2	11	2	4	2	11	2	4	2	11	2	4	2	11	2	4	2	11	2	4	2	11	2	4	2	11	2	5
锁链针	反针	桃花扇针	正针	反针	桃花扇针	正针	反针	桃花扇针	正针	反针	桃花扇针	正针	反针	桃花扇针	正针	反针	桃花扇针	锁链针

钩针钩缝方法

小提示：
前后肩头的21针缝合时
注意手法不可过紧，以免影响服装
尺寸及舒展度。

从下向上织的英式插肩毛衣

36 *cong xia xiang shang zhi de ying shi cha jian mao yi*

材　　料：羊仔毛

用　　量：500g

工　　具：6号针　8号针

尺寸（cm）：衣长53　袖长44（腋下至袖口）　胸围77

平均密度：$10cm^2$=18针×24行

编织简述：

　　从下摆起针后环形向上织，至腋下后按英式减针法减两个袖窿，然后减领口，正身不做处理。另线起针织两袖，同时用英式减针法减两个袖山；最后将两袖和正身按要求缝合，四处余针串起合圈向上织领子。

编织步骤：

❶ 用6号针起140针按正身排花环形向上织。

❷ 总长至35cm时改织正针并同时减袖窿，①平收腋正中8针，②隔1行减1针减20次。

❸ 距后脖8cm时减领口，①平收领正中10针，②隔1行减3针减1次，③隔1行减2针减1次，④隔1行减1针减1次。

❹ 袖口用8号针起30针环形向上织6cm扭针单罗纹后，换6号针改织6cm反针，然后再织2cm正针，如此交替织袖子花纹，同时在袖腋处隔7行加1次针，每次加2针，共加12次，总长至44cm时改织正针，同时减袖窿，①平收腋正中8针，②隔1行减1针减20次。

❺ 将两袖和正身在肩部缝合，最后将两肩和后脖余针串起，与前领口挑起的针合圈并均匀减至88针，换8号针环形向上织13cm扭针单罗纹后收机械边形成高领。

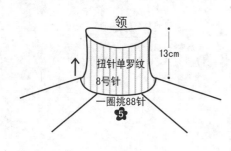

领

扭针单罗纹
8号针

13cm

一圈挑88针
❺

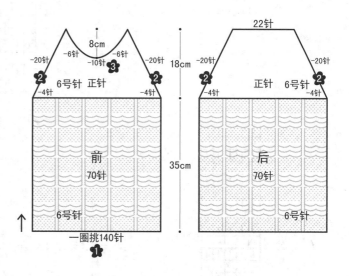

22针

8cm

-20针　-6针　-6针　-20针　　-20针　　　　-20针

-10针 ❸

18cm

❷　　　　　　　　　　❷　　　　❷　　　　　　　　❷

-4针　6号针　正针　-4针　　-4针　正针　6号针　-4针

前
70针

后
70针

35cm

6号针　　　　　　　　　　　　6号针

6号针　　　　　　　　　　　　6号针

一圈挑140针
❶

正身排花：140针

1	13	1	13	1	13	1	13	1
反	星	反	星	反	星	反	星	反
针	星	针	星	针	星	针	星	针
	方		方		方		方	
	凤		凤		凤		凤	
13	尾		尾		尾		尾	13
星	针		针		针		针	星
星								星
方								方
凤	1	13	1	13	1	13	1	凤
尾	反	星	反	星	反	星	反	尾
针	针	星	针	星	针	星	针	针
		方		方		方		
		凤		凤		凤		
		尾		尾		尾		
		针		针		针		

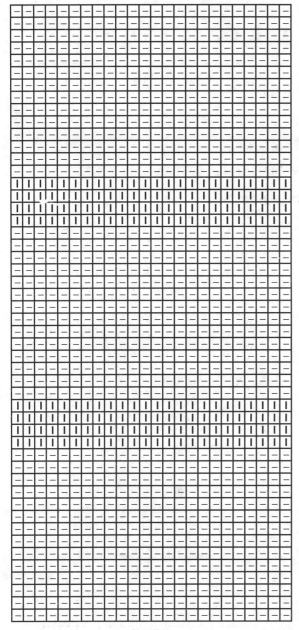

袖子花纹

星星方凤尾针

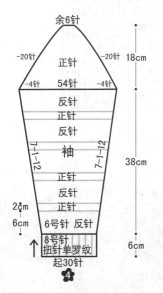

❹

扭针单罗纹

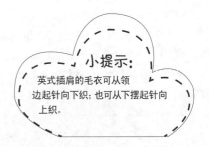

小提示：

英式插肩的毛衣可从领边起针向下织；也可从下摆起针向上织。

133

饱满叶子上衣

37

bao man ye zi shang yi

材　　料：羊毛合股线

用　　量：650g

工　　具：6号针 8号针

尺寸（cm）：衣长48 袖长44（腋下至袖口） 胸围70

平均密度：10cm²=19针×24行

编织简述：

　　从领口起针后环形向下织，分好前后和两肩针数后，按规律向下加针，相应长后，在腋正中平加针，并连接前后片合圈向下织正身，完成正身后收针；然后将两袖的余针与腋正中挑起的8针合圈向下织袖子。最后分三次挑织三层飞肩。

编织步骤：

1 用8号针从领边起90针环形织12cm扭针单罗纹后，换6号针环形向下织正针，前后片各21针，左右肩各20针，4个加针点，每个2针。

2 前后片的加针点隔1行加1针共加18次。

3 两肩加针点隔3行加1次针共加9次。

4 完成加针后，前后片各57针、4个加针点均分到的1针、腋部平加8针、合圈共134针环形向下织，在两肋正中1针的两侧隔1行各加1针，在前后正中隔1行3针并1针。

5 总长至26cm时，再改织10cm樱桃针后收机械边完成正身。

6 肩部完成加针后共38针，加上两个加针点均分到的1针、挑入腋部的8针，一圈共48针用6号针环形向下织正针，同时在袖腋处隔9行减1次针，每次减2针，共减11次，总长至42cm时，余26针换8号针改织2cm锁链针后收平边形成袖口。

7 按图从领口的侧边挑出31针，往返织10cm樱桃针后收机械边形成第一层飞边；第二层挑43针；第三层挑55针，最后形成独立的三层飞边。

分别挑织三层飞边：

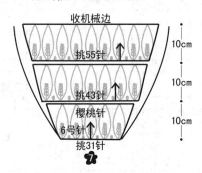

收机械边

挑55针 ↑ 10cm

挑43针 ↑ 10cm

樱桃针

6号针 ↑ 10cm

挑31针

7

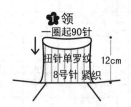

1 领

一圈起90针

扭针单罗纹 12cm

8号针 紧织

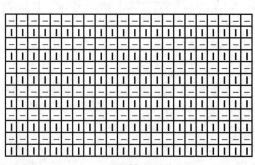

锁链针

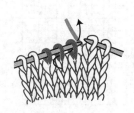  

中间在上3针并1针方法

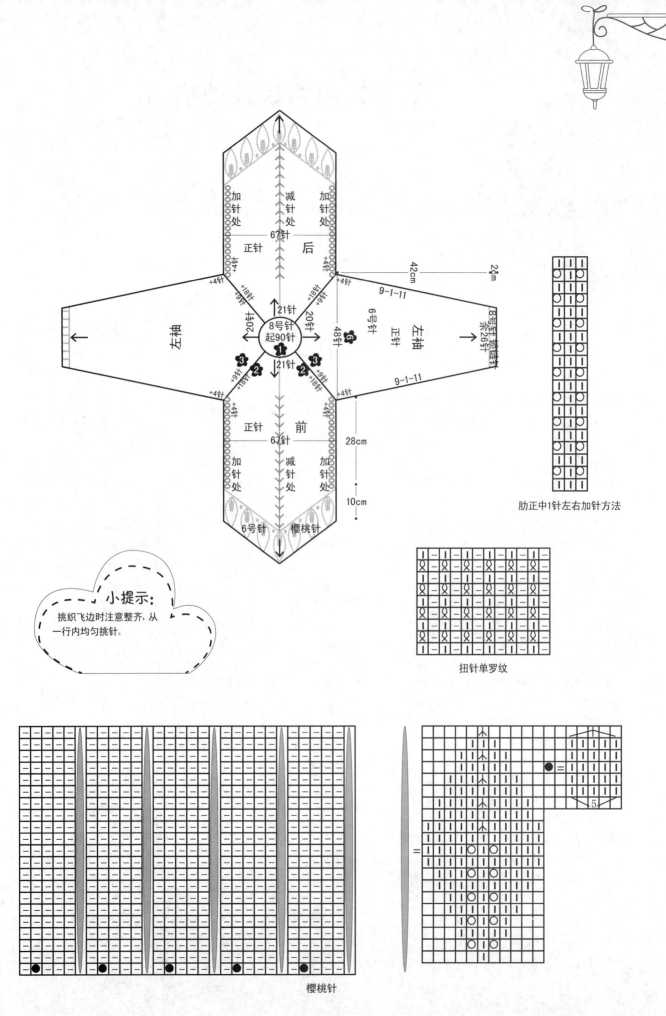

加针处 减针处 加针处

67针 正针 后

+4针 +18针 +9针 +4针

42cm 2cm

9-1-11

左袖 正针 20针 21针 8号针 起90针 ① 20针 48针 ② ③ 右袖 正针

8号针 织26针

21针

③ ② +9针 +18针 +4针 +4针 +18针 +9针 +4针

9-1-11

正针 前 28cm

67针

加针处 减针处 加针处 10cm

6号针 樱桃针

肋正中1针左右加针方法

扭针单罗纹

小提示：
挑织飞边时注意整齐,从一行内均匀挑针。

樱桃针

●=

135

前卫实用的长袖披肩

材　　料：纯毛手织中粗线

用　　量：650g

工　　具：6号针　8号针

尺　　寸：以实物为准

平均密度：10cm²=19针×24行

编织简述：

　　从右袖片起针后往返向上织，平加针形成正身，规律加减针完成领口和左袖片，然后内折缝合各部分，最后挑织领子和飞肩。

编织步骤：

1 用8号针起23针往返向上织22cm扭针单罗纹形成右袖片。

2 在右侧平加出71针，整片合成94针按整体排花往返向上织24cm后，取左侧隔1行减1针共减22次。

3 总长至56cm时，在右侧平加32针，与正身合成大片往返向上织16cm锁链针后平收形成左袖片。

4 总长至64cm时，依然在左侧隔1行加1针共加22次。

5 整片共94针往返向上织24cm后，取右侧71针平收，只余左侧的23针往返向上织22cm扭针单罗纹后收机械边形成右袖片。

6 在对折线处对折，分别在侧面缝合左、右袖片和右肩头。

7 减针和加针的位置是领口，用8号针在此处挑出88针，按领子排花环形向上织15cm后收机械边形成高领。

8 在前片左右肩头分别挑出90针，用6号针往返织4cm扭针单罗纹球球针后收机械边形成飞边，然后将飞边的两个侧边与正身缝合整齐。

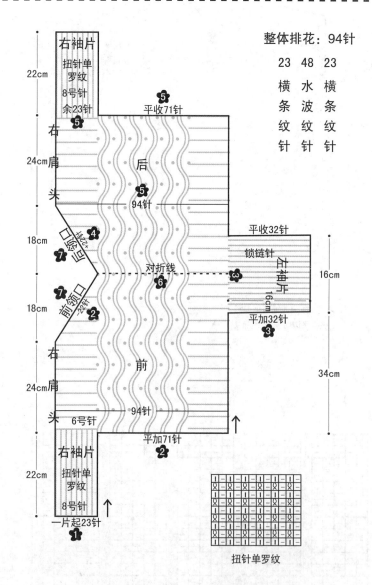

整体排花：94针

23	48	23
横	水	横
条	波	条
纹	纹	纹
针	针	针

右袖片
扭针单罗纹
8号针
余23针

平收71针

后
94针

22cm

24cm肩头

18cm

18cm

24cm肩头

前
94针

6号针

右袖片
扭针单罗纹
8号针

一片起23针

平加71针

平收32针
锁链针
左袖片
16cm
平加32针

16cm

34cm

对折线

后领口 -22针
前领 -22针

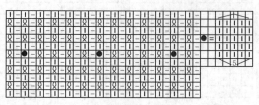

扭针单罗纹

扭针单罗纹球球针

领

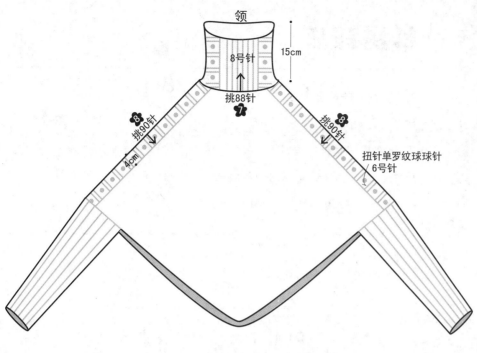

8号针

15cm

挑88针

7

8 挑90针

4cm

8 挑90针

扭针单罗纹球球针
/6号针

领子排花：88针

35

扭针单罗纹

9
锁链球球针

9
锁链球球针

35
扭针单罗纹

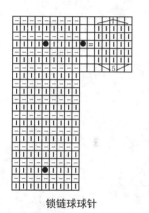

锁链球球针

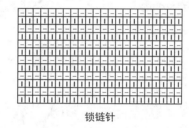

锁链针

横条纹针

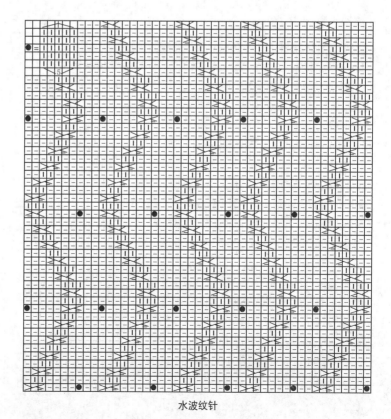

水波纹针

小提示：
披肩左右袖花纹不同。

137

蛛网开衫

38

zhu wang kai shan

材　　料：羊毛合股线

用　　量：650g

工　　具：6号针　8号针

尺寸（cm）：衣长66　袖长57　胸围71　肩宽27

平均密度：10cm²=19针×24行

编织简述：

　　从下摆起针后往返向上织，此处起的针分为三部分、共6个减针点，在减针点一侧规律减光所有针后形成梯形，最后从梯形的最长边挑针往返向上织正身，袖窿和领口同时减针，前后肩头缝合后，门襟的锁链针依然向上直织，最后对头缝合形成领子；袖口起针后环形向上织，同时在袖腋处规律加针至腋下，减袖山后余针再次减针后平收，与正身整齐缝合。

编织步骤：

1⃣ 用6号针起216针往返向上织横条纹针，216针共分3份，每份72针，共6个减针点，每隔1行，在减针点减1次针，共减36次形成梯形。

2⃣ 在梯形的上沿横挑出136针，用6号针按整体排花往返向上织。

3⃣ 至18cm时减袖窿，①平收腋正中8针，②隔1行1针减4次。

4⃣ 在减袖窿的同时减领口，①在7锁链针的内侧隔1行减1针减8次，②隔3行减1针减4次。前后肩头缝合后，门襟的7针不必缝合，依然向上直织至后脖正中时对头缝合并侧缝合形成领子。

5⃣ 袖口用8号针起36针环形向上织16cm底边罗纹后，换6号针改织横条纹针，同时在袖腋处隔9行加1次针，每次加2针，共加8次，总长至44cm时减袖山，①平收腋正中8针，②隔1行减1针减13次，余针均匀减至9针后平收，与正身整齐缝合。

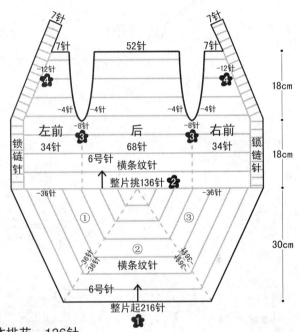

整体排花：136针

```
 7  122  7
锁  横  锁
链  条  链
针  纹  针
    针
```

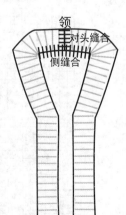

领

对头缝合

侧缝合

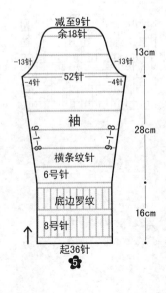

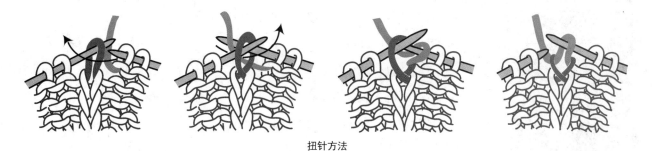

扭针方法

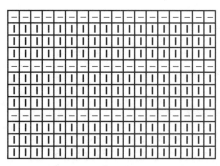

横条纹针

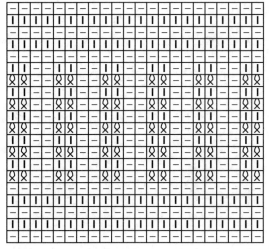

底边罗纹

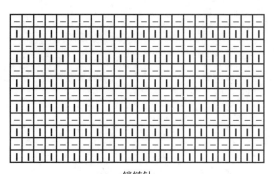

锁链针

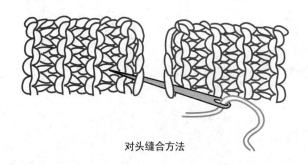

对头缝合方法

小提示：
完成梯形后，要按规律均匀挑出所有针，第二行时或者加、或者减至136针后再向上织正身。用这种方法，挑针处会非常整齐。

钩花镂空披肩

40 *gou hua lou kong pi jian*

材　　料：羊毛合股线

用　　量：650g

工　　具：3.0钩针

尺　　寸：以实物为准

平均密度：10cm²=19针×24行

编织简述：

　　按图钩花片并相互连接形成披肩，注意在袖口处不必缝合。

编织步骤：

❶ 用3.0钩针按图解钩24个花片。

❷ 按图相互连接，标注的花片不必缝合，此处为袖口。

小提示：
钩花片时注意手法适中，使花片大小一致。

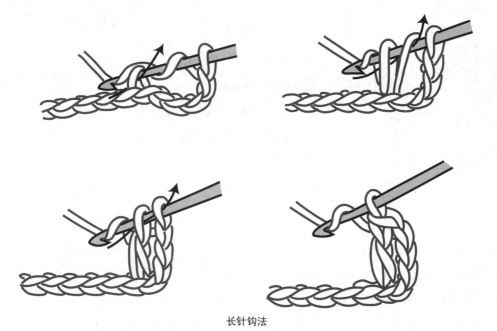

长针钩法

花片钩法

正方形上衣

41 *zheng fang xing shang yi*

材　　料：70%羊绒线

用　　量：650g

工　　具：6号针　8号针

尺寸（cm）：衣长48　袖长42　胸围75　肩宽37

平均密度：10cm²=19针×24行

编织简述：

　　按花纹从中心起针环形向四周织正方形片，两个大正方形片为前后片、两个小正方形片为左右袖，按图缝合各部分后，再分别环形挑织领子、下摆、袖口。

编织步骤：

1. 用6号针从中心起12针环形向四周织正方形叶子针，边长至38cm时完成前片。

2. 按以上方法完成后片，两肋各取29cm从内部钩缝。其他余针不收针待织。

3. 再织两个边长为22cm的正方形叶子针，对折缝合形成袖子；然后在侧边各取9cm与前后片缝合，中间的4cm为领口。

4. 前后片余72针，左右领口各挑8针，一圈共160针用8号针环形向上织罗纹针并按图解减针，总长至12cm时收机械边形成高领。

5. 将前后片在两肋缝合，下摆处余针共144针环形挑起，用8号针向下织8cm扭针单罗纹后收机械边形成下摆边。

6. 在袖腋处将袖片缝合成筒状，然后用8号针将袖口的55针均匀减至40针，环形向下织20cm扭针单罗纹后收机械边形成袖口边。

领子挑针图：

领

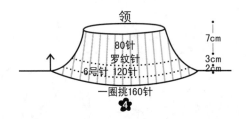

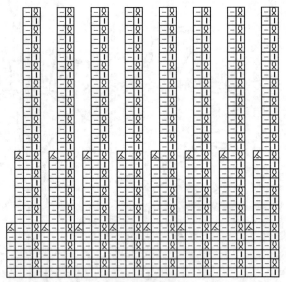

领子罗纹针减针方法

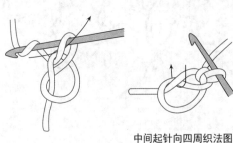
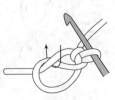
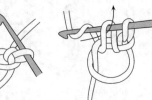
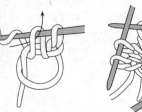
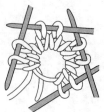

中间起针向四周织法图

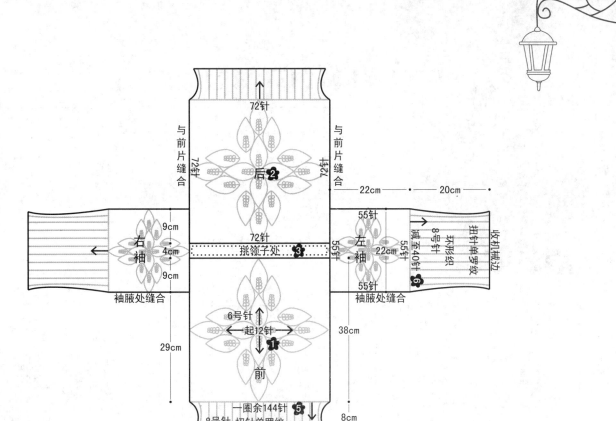

与前片缝合 与前片缝合

72针

后 ❷

9cm
4cm
9cm
右袖

72针
挑领子处 ❸

22cm · 20cm

55针
收机械边

左袖
减至40针
扭针单罗纹
8号针
55针
环形织
22cm
55针
55针
❻

袖腋处缝合

6号针
起12针
❶

前

38cm

8cm

一圈余144针 ❺
8号针 扭针单罗纹
收机械边

29cm

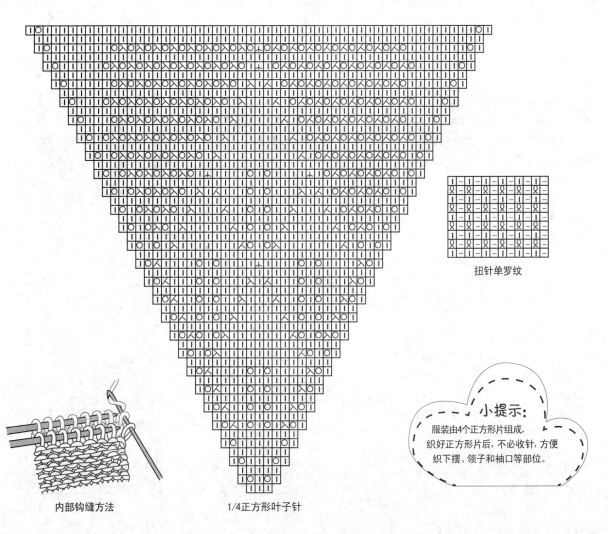

扭针单罗纹

内部钩缝方法

1/4正方形叶子针

小提示：
服装由4个正方形片组成，
织好正方形片后，不必收针，方便
织下摆、领子和袖口等部位。

几何两穿披肩

材　　料：	纯毛手织中粗线
用　　量：	650g
工　　具：	6号针　8号针
尺　　寸：	以实物为准

平均密度：10cm²=19针×24行

编织简述：

　　分别织4个小正方形，然后缝合成大正方形，再织两个长方形和2个袖片，然后将四部分缝合在一起，最后挑织领子。

编织步骤：

1 用6号针从中间起8针环形向四周织四叶花，边长至16cm时形成正方形，不必收针，串起备用。

2 按以上方法共织4个正方形后，按图缝在一起形成大正方形。

3 另线用6号针起82针按长方形排花往返向上织64cm后形成长方形片，按此方法完成另一个长方形片，将两个长方形片合成大片共164针往返织，同时在中间取2针做减针点，隔1行在减针点的两侧各减1针，共减13次，整个大片余138针时收平边形成V形。

4 袖子用8号针起40针环形向上织10cm扭针双罗纹后，换6号针改织横条纹针，同时在袖腋处隔7行加1次针，每次加2针，共加8次，总长至40cm时为56针，此时以袖腋处为界，在此处往返向上织片，不必加针，总长至72cm时平收。

5 将大正方形片和V形片以及两袖按要求缝合在一起后，在两袖位置均匀挑出130针，用8号针往返向上织10cm扭针双罗纹后收机械边形成领子。

四叶花
←起8针→
6号针 **1**
16cm

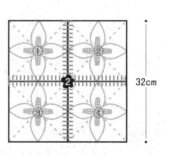

① ②
1
2
③ ④
32cm

扭针双罗纹

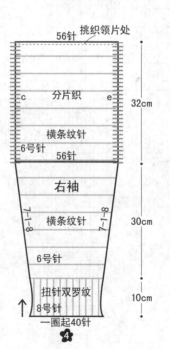

挑织领片处
56针
c　分片织　e
横条纹针
6号针
56针
右袖
横条纹针
7-1-8　7-1-8
6号针
扭针双罗纹
8号针
一圈起40针
4
32cm
30cm
10cm

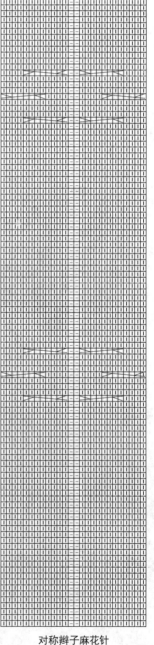

对称辫子麻花针

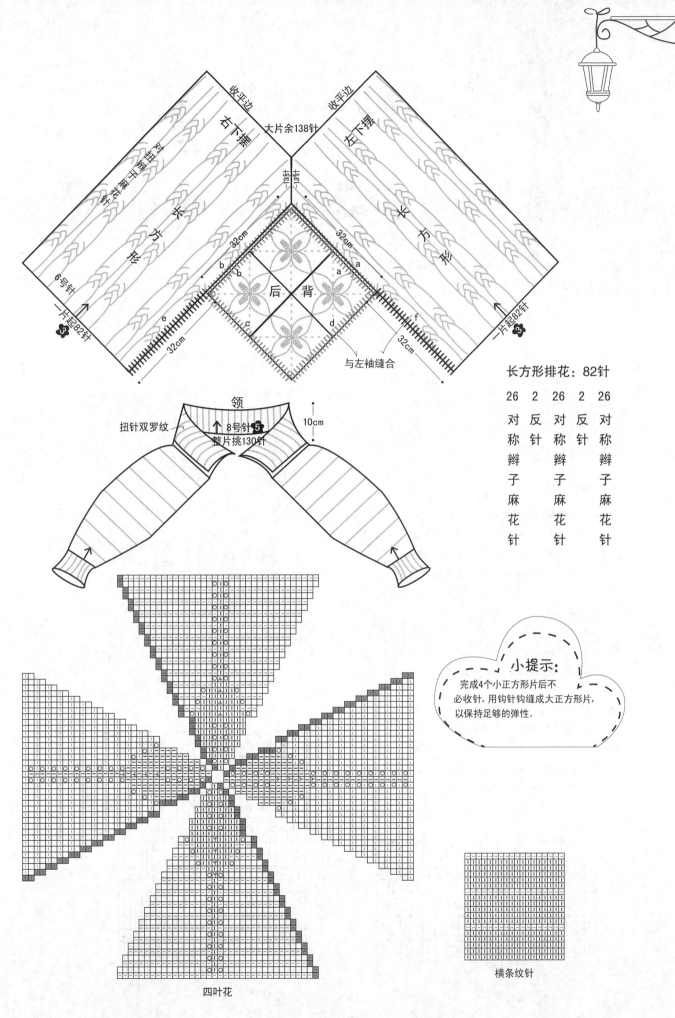

收平边　收平边

右下摆　大片余138针　左下摆

-13针　-13针

32cm　32cm

b　a

后　背

b　a

e　c　d　f

32cm　32cm

与左袖缝合

对　由　下　麻　针　往　上　收

6号针

一片起82针　一片起82针

长方形排花：82针

26	2	26	2	26
对称辫子麻花针	反针	对称辫子麻花针	反针	对称辫子麻花针

领

扭针双罗纹　↑ 8号针 5　10cm
整片挑130针

小提示：
完成4个小正方形片后不
必收针，用钩针钩缝成大正方形片，
以保持足够的弹性。

四叶花

横条纹针

145

大翻领披肩

44 *da fan ling pi jian*

材　　料：纯毛合股线

用　　量：700g

工　　具：6号针

尺　　寸：以实物为准

平均密度：10cm² =19针×24行

编织简述:

　　从下摆起针后往返向上织大片,至腋下后减袖窿并分三片向上往返织,相应长后再次合成大片织翻领,注意花纹在内,最后将织好的袖子与袖窿口缝合。

编织步骤:

1 用6号针起201针按整体排花往返向上织。

2 总长至35cm时,按图在两腋正中各平收8针,同时分3片向上织,左右前片各53针,后背片79针。然后在袖窿处隔1行减1针减4次。

3 总长至53cm时,在两个袖山处各平加16针,整片再次合成原有的201针往返按排花向上织。

4 总长至61cm时,均匀加至207针,改织25cm对圆花纹,注意花纹在内侧,然后松收平边形成翻领。

5 袖口用6号针起32针环形向上织15cm横条纹针后改织正针,同时在袖腋处隔9行加1次针,每次加2针,共加8次,总长至45cm时减袖山,①平收腋正中8针,②隔1行减1针减13次,余针平收,与披肩袖窿口整齐缝合。

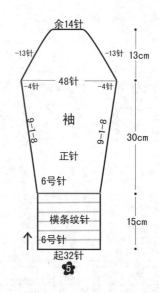

余14针

−13针　　　　−13针　13cm

−4针　　48针　　−4针

9−1−8　　袖　　9−1−8　30cm

正针

6号针

横条纹针　　15cm

6号针

起32针

5

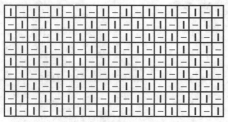

星星针

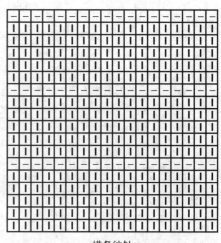

横条纹针

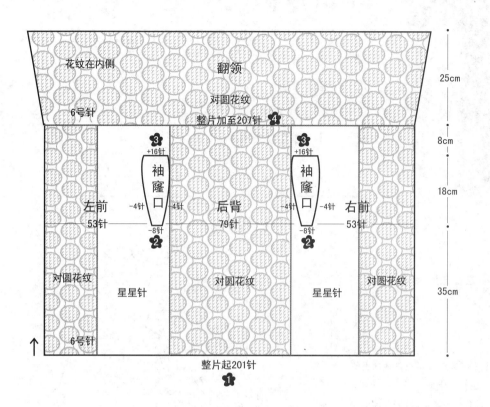

花纹在内侧　　　　翻领

6号针　　　对圆花纹

整片加至207针 **4**

25cm

8cm

3 +16针　　　　　**3** +16针

袖窿口　　　　袖窿口

左前　-4针　　　-4针　　后背　　-4针　　　-4针　右前

53针　　　　　　　79针　　　　　　53针

-8针 **2**　　　　　　　　　-8针 **2**

18cm

对圆花纹　　　星星针　　　对圆花纹　　　星星针　　　对圆花纹

35cm

6号针

整片起201针 **1**

整体排花：201针

29	40	63	40	29
对圆花纹	星星针	对圆花纹	星星针	对圆花纹

小提示：

织207针翻领时注意花纹在内侧。

对圆花纹

手钩罩衫

材　　料：合股棉线

用　　量：400g

工　　具：5.0钩针

尺　　寸：以实物为准

编织简述：

按花纹钩织左右前片和后片，缝合后钩两袖，最后钩领边。

编织步骤：

1️⃣ 用5.0钩针从下摆起针按花纹往返向上钩左前片，然后钩织右前片。

2️⃣ 完成左右前片后钩织后片，最后在肋部缝合。

3️⃣ 按图完成袖子并在袖腋处缝合，完成袖山后与正身缝合。

4️⃣ 最后在领口钩领边。

5️⃣ 按图完成包扣，缝在服装的左侧。

包扣钩法

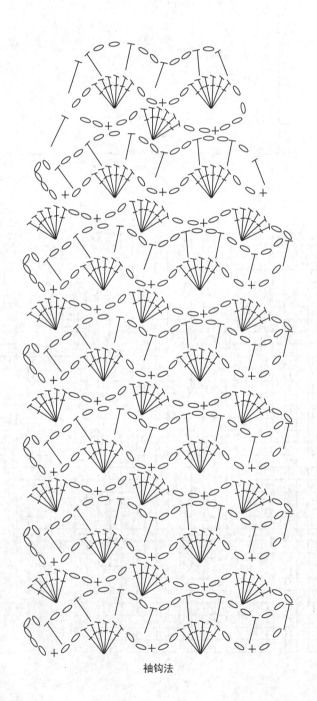

袖钩法

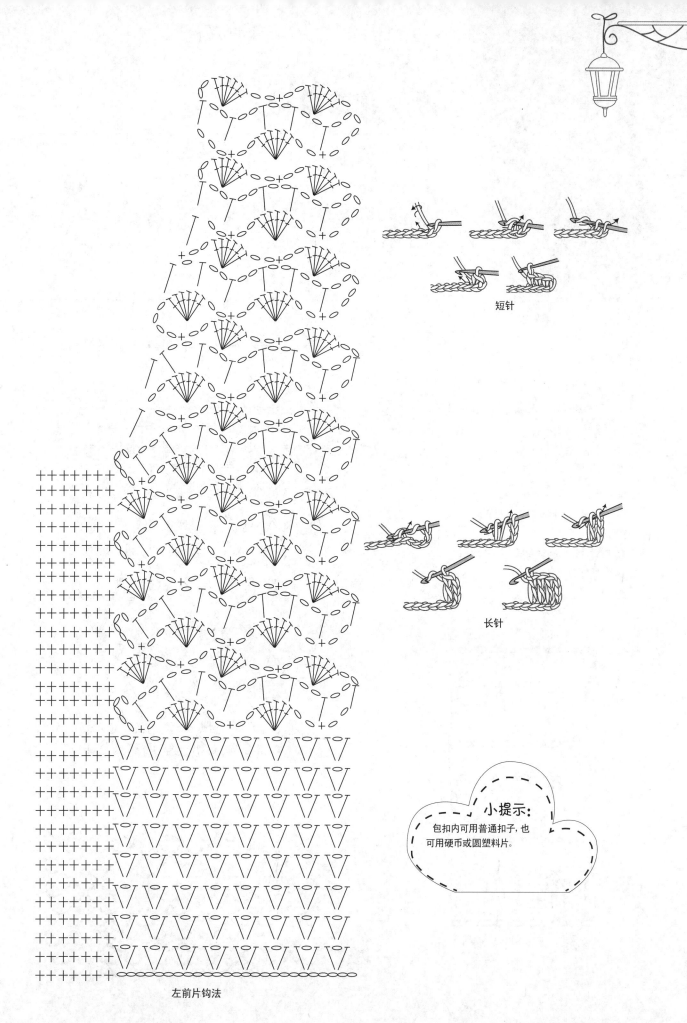

短针

长针

小提示：
包扣内可用普通扣子，也
可用硬币或圆塑料片。

左前片钩法

叶子花修身裙

材　　料：合股棉线

用　　量：400g

工　　具：3.0钩针

尺　　寸：以实物为准

编织简述：

　　先按花纹钩叶子花，组合连接后形成前片；后片按花纹往返向上织，然后在肋部缝合并钩裙摆，最后钩肩带。

编织步骤：

1 按叶子图钩5片叶子并组合成花朵。

2 在花朵间以网纹针连接后完成前片。

3 按图钩后片。

4 前后片在肋部缝合后，从下边钩裙摆。

5 最后按花纹钩好肩带。

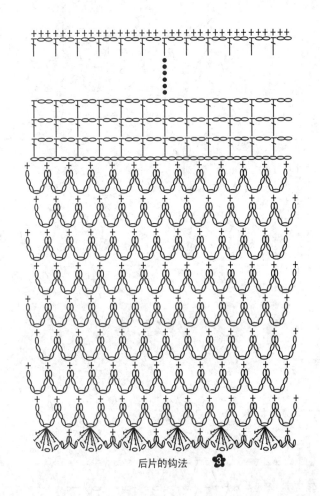

后片的钩法 **3**

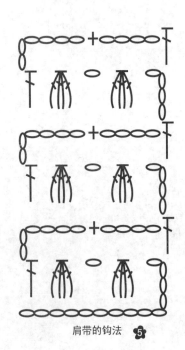

肩带的钩法 **5**

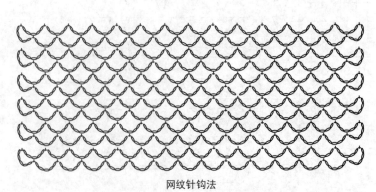

网纹针钩法

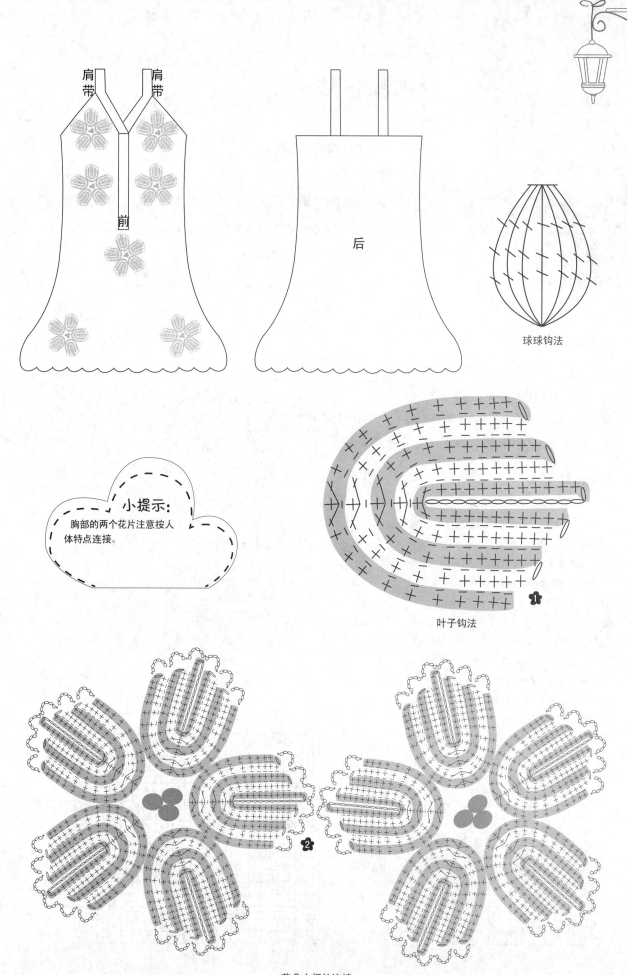

肩带　肩带

前

后

球球钩法

叶子钩法

小提示：
胸部的两个花片注意按人
体特点连接。

花朵之间的连接

W小上装

w xiao shang zhuang

材　　料：278规格纯毛粗线

用　　量：450g

工　　具：6号针　8号针

尺寸（cm）：衣长65　袖长57　胸围79　肩宽38

平均密度：10cm²=17针×29行

编织简述：

　　织两个三角形片和一个长方形，分别为小前摆和后腰，合在一起后先织大片后合圈织，选减腋下后减领口；袖口起针后按排花织，统一加针织成泡泡袖与正身缝合。

编织步骤：

1 用6号针起21针织对扭麻花针，8cm长后不收针，另线起针再织一个相同的对扭麻花针小片。

2 后背与正面合一起织后，在10针麻花针的内侧隔1行减1针减4次，共减8针，后背余73针。

3 距后脖15cm时，平收正中的20针对扭麻花针，减两侧的星星针，隔1行减1针减6次后，肩外侧6针改织麻花针，相应长后与后肩头缝合。

4 袖口用8号针起36针织13cm扭针双罗纹后，换6号针改织正针，同时在袖腋处隔13行加1次，每次加2针，共加5次，总长至44cm时减袖山，①平收腋正中8针，②隔1行减1针减13次，余针平收，与正身整齐缝合。

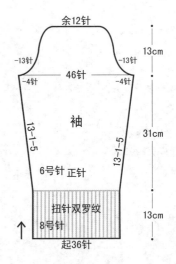

余12针

-13针　　　　　　　　　　-13针　　　13cm

46针

-4针　　　　　　-4针

袖

13-1-5　　　　　　　13-1-5　　　31cm

6号针　正针

扭针双罗纹
8号针　　　13cm

起36针

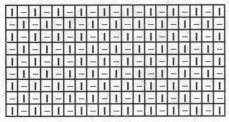

星星针

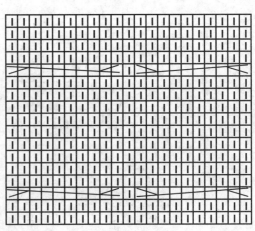

对扭麻花针

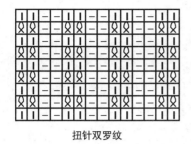

扭针双罗纹

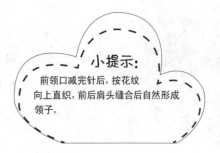

小提示：

前领口减完针后，按花纹向上直织，前后肩头缝合后自然形成领子。

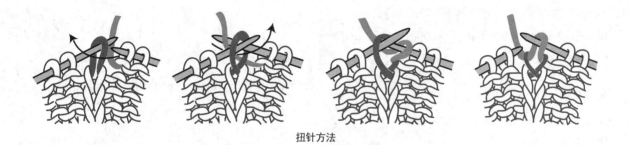

扭针方法

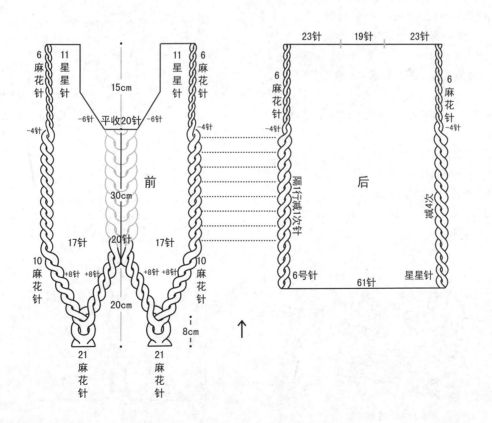

6麻花针　11星星针

15cm

−6针　平收20针　−6针

前

30cm

17针　20针　17针

+8针 +8针 +8针 +8针

20cm

8cm

21麻花针　21麻花针

−4针

10麻花针　10麻花针

23针　19针　23针

6麻花针　6麻花针

−4针　−4针

隔1行减1次针

后

减4次

6号针　61针　星星针

波浪边门襟开衣

48

bo lang bian men jin kai yi

材　　料：羊仔毛线

用　　量：650g

工　　具：6号针

尺寸（cm）：衣长53　袖长48　胸围84　肩宽36

平均密度：10cm²=19针×24行

编织简述：

　　从左前片门襟处起针横向后背正中织，完成后停针织右前片，最后在后背正中缝合，按要求缝好前后肩头和领子后，从袖窿口挑针环形向下织袖子。

编织步骤：

❶ 左前片用6号针起136针往返向上织双波浪凤尾针。

❷ 至10cm时，取左侧的34针平收。

❸ 余下的102针往返向上织12cm后，再取左侧的34针平收，往返向上织2cm后，再平加出34针，整片合成102针再向上往返织18cm后停针形成左前片。

❹ 按以上方法完成右前片，注意与左前片对称。

❺ 在两片停针的位置相对从内部松缝合形成后背正中。

❻ 按相同字母缝合两肩和领子。

❼ 用6号针从袖窿口挑出34针，环形向下织48cm双波浪凤尾针后收针形成袖子。

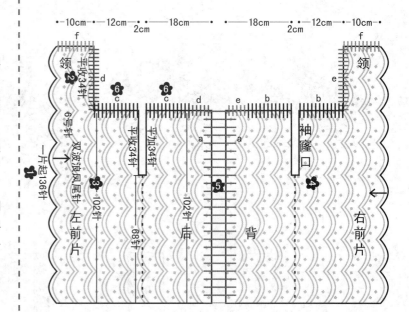

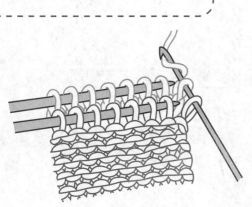

对头用钩针缝合方法

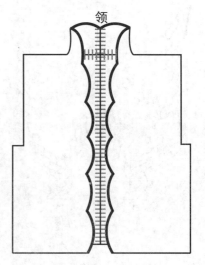

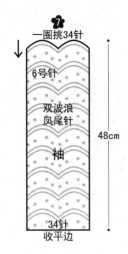

一圈挑34针
6号针
双波浪
凤尾针
袖
34针
收平边
48cm

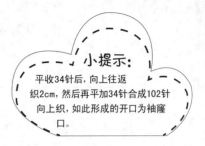

小提示：
平收34针后，向上往返
织2cm，然后再平加34针合成102针
向上织，如此形成的开口为袖窿
口。

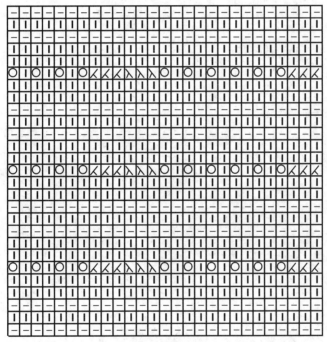

双波浪凤尾针

绕线起针方法

莲花针富贵披肩

49 *lian hua zhen fu gui pi jian*

材　　料：纯毛手织粗线

用　　量：500g

工　　具：6号针

尺　　寸：以实物为准

平均密度：10cm²=17针×36行

编织简述：

　　按针法往返织一个长方形，然后在其两侧挑针环形织袖子。

编织步骤：

❶ 用6号针起160针往返向上织莲花针，总长至45cm时形成长方形片。

❷ 在长方形片的两侧分别挑出32针，用6号针环形向下织50cm横条纹针后收针形成两袖。

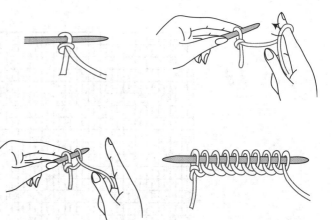

绕线起针方法

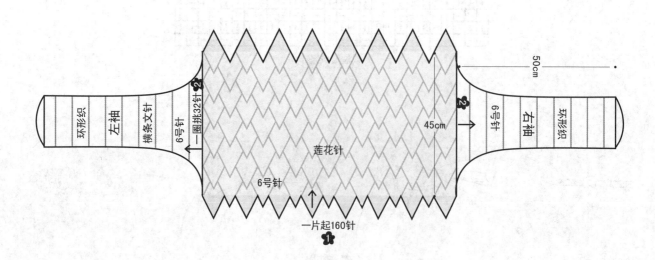

环形织　左袖　横条文针　6号针　一圈挑32针 ❷

莲花针

6号针

45cm

❷　6号针　右袖　环形织

50cm

一片起160针

❶

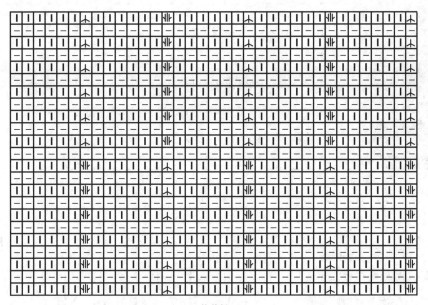

莲花针

在1正针的两侧挑加针, 此方法不易出现孔洞。

小提示:

在挑针织两袖时注意, 首先挑出长方形片一侧的所有针, 第二行时再均匀减至32针环形向下织袖子。

横条纹针

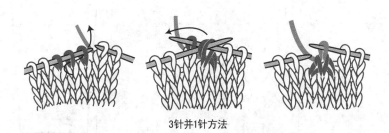

3针并1针方法

迷人高领修身毛衣

50

mi ren gao ling xiu shen mao yi

材　　料：纯毛手织粗线

用　　量：650g

工　　具：6号针　8号针

尺寸（cm）：衣长48　袖长57　胸围67　肩宽25

平均密度：10cm² = 19针×25行

编织简述：

　　从下摆起针后环形向上织，先减袖窿后减领口，前后肩头缝合后挑织领子，袖口起针后环形向上织，同时在袖腋处规律加针至腋下，减袖山后余针平收，与正身整齐缝合。

编织步骤：

❶ 用8号针起128针环形向上织15cm扭针双罗纹。

❷ 换6号针改织正针，总长至30cm时减袖窿，①平收腋正中8针，②隔1行减1针减4次。

❸ 距后脖8cm时减领口，①平收领正中10针，②隔1行减3针减1次，③隔1行减2针减1次，④隔1行减1针减3次，余针向上直织。前后肩头缝合后，从领口处挑出84针，用6号针环形向上织15cm莲花针后收平边形成领子。

❹ 袖口用6号针起32针环形向上织横条纹针，同时在袖腋处隔13行加1次针，每次加2针，共加8次，总长至45cm时减袖山，①平收腋正中8针，②隔1行减1针减13次。余针平收，与正身整齐缝合。

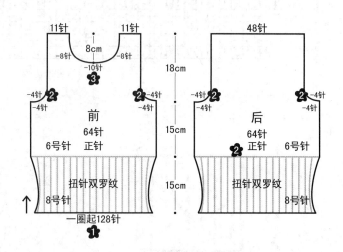

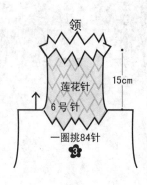

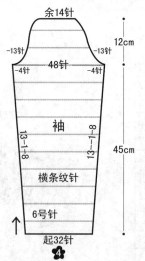

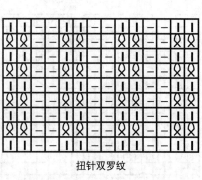

扭针双罗纹

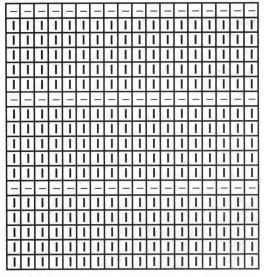

横条纹针

小提示：

织莲花针时注意手法不可过紧，以免影响花纹质感。

莲花针

伞式开衣

材　　料：	驼绒手织线
用　　量：	600g
工　　具：	6号针　8号针
尺　　寸：	以实物为准
平均密度：	10cm²=19针×24行

编织简述：

　　从后背正中起针后按规律加针环形向四周织大圆片，相应长后，取第1份和第6份平留针，第2行时再平加针后形成袖窿口，平加针后依然按原规律加针向四周织，然后收针形成正身，最后从两个袖窿口分别环形挑针向下织袖子。

编织步骤：

❶ 用6号针起9针向四周环形织球球针，以这9针为9个加针点，隔1行在每个加针点的一侧加1针，一圈共加9针，加出针织正针。

❷ 圆片半径为18cm时，每份共加出21针，取第1份和第6份中的22针平留，第2行时再平加出22针合成大圈继续环形织，形成的两个开口为袖窿口。在两个袖窿口正中位置各增加1个加针点，隔1行加1针共加27次。与其他加针点按相同规律加针。

❸ 圆片半径为40cm时，每份内共加出48针，此时改织3cm锁链球球针后松收平边。

❹ 用6号针从袖窿口挑出48针按袖子排花环形向下织，同时在袖腋处隔13行减1次针，每次减2针，共减6次，袖长至30cm时余36针，换8号针环形向下织16cm扭针双罗纹后收机械边形成袖子。

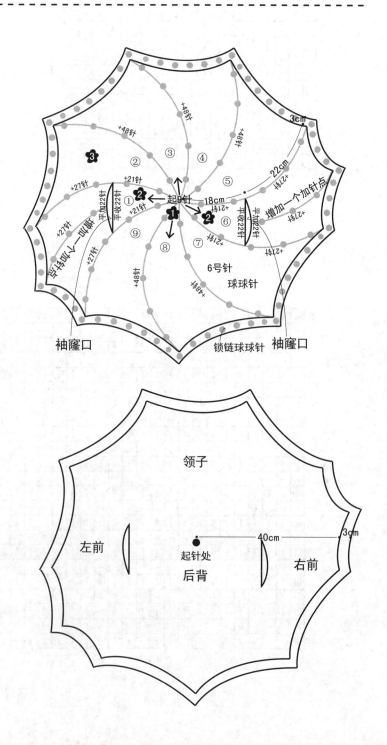

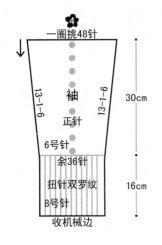

一圈挑48针
④

13-1-6 袖 13-1-6 30cm
正针
6号针
余36针
扭针双罗纹
8号针 16cm
收机械边

袖子排花：48针

1
球
球
针

47
正针

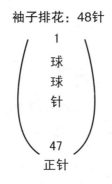

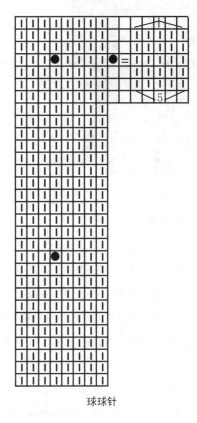

球球针

小提示：
球球在固定1针内隔若干行规律编织。

扭针双罗纹

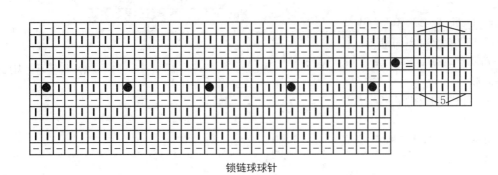

锁链球球针

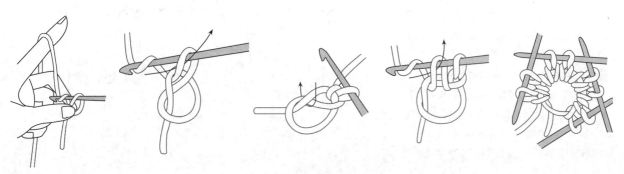

中间起针向四周织的方法

霓裳

52

ni shang

材　　料：用段染线织

用　　量：650g

工　　具：6号针　8号针

尺寸（cm）：衣长64　袖长57　胸围69　肩宽24

平均密度：10cm²=19针×24行

编织简述：

　　从下摆起针后往返向上织，此处起的针分为三部分、共6个减针点，在减针点一侧规律减光所有针后形成梯形，最后从梯形的最长边挑针往返向上织正身，袖窿和领口同时减针，前后肩头缝合后，门襟的锁链针依然向上直织，最后对头缝合形成领子；袖口起针后环形向上织，同时在袖腋处规律加针至腋下，减袖山后余针再次减针后平收，与正身整齐缝合。

编织步骤：

❶用6号针起216针往返向上织4cm星星针后改织正针，同时将216针分3份，每份72针，共6个减针点，每隔1行，在减针点减1次针，共减36次后形成梯形。

❷在梯形的上沿横挑出132针，用6号针按整体排花往返向上织。

❸至12cm时减袖窿，①平收腋正中10针，②隔1行减1针减5次。

❹在减袖窿的同时减领口，①在9针星星针的内侧隔1行减1针减5次，②隔3行减1针减3次。前后肩头缝合后，门襟的9针不必缝合，依然向上直织至后脖正中时对头缝合然后侧缝合形成领子。

❺袖口用8号针起40针环形向上织10cm扭针单罗纹后，换6号针按排花向上织，同时在袖腋处隔13行加1次针，每次加2针，共加6次，总长至44cm时减袖山，①平收腋正中10针，②隔1行减1针减13次，余针平收，与正身整齐缝合。

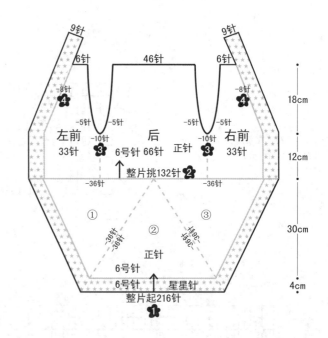

整体排花：132针

9	114	9
星	正	星
星	针	星
针		针

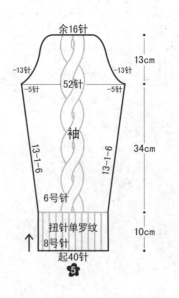

袖子排花：40针

2	16	2
反	麻	反
针	花	针
	针	
	20	
	正针	

162

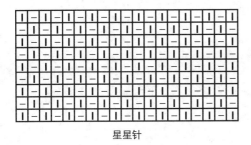

星星针

对头缝合方法

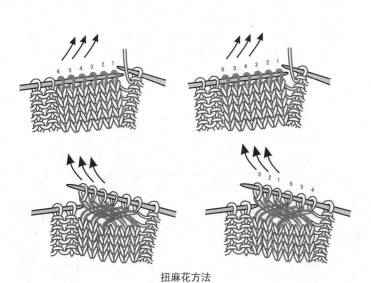

扭麻花方法

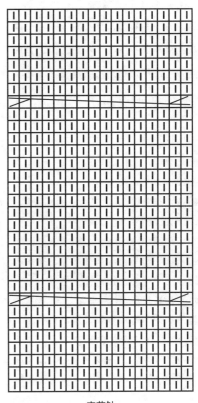

麻花针

扭针单罗纹

小提示：
袖子的麻花在扭针时不要过紧，以免影响服装尺寸。

猫眼花纹开衣

材　　料：合股棉线

用　　量：400g

工　　具：8号针　9号针

尺寸（cm）：衣长41　袖长40（腋下至袖口）　胸围86

平均密度：10cm² = 22针×38行

编织简述：

从后腰起针后按花纹往返向上织，同时在两侧规律加针形成左右前片，相应长后同时减袖窿和领口，左右门襟被减光后，后脖余针平收。按要求织好两袖并与正身缝合，最后将织好的圆门襟与正身整齐缝合。

编织步骤：

1️⃣ 用8号针起76针往返向上织猫眼针，同时在两侧每行加1针，共加31次。

2️⃣ 整片共138针往返向上织4cm后减袖窿，①隔3行减2针减11次，②余针平留。

3️⃣ 减袖窿的同时减领口，①隔5行减1针减5次，②隔9行减1针减4次，左右前片针数被减光。

4️⃣ 袖口用9号针起56针环形向上织7cm双罗纹后，换8号针改织猫眼针，同时在袖腋处隔13行加1次针，每次加2针，共加8次，总长至40cm时减袖山，①平收腋正中6针，②隔3行减2针减12次，余针平留，与正身整齐缝合。

5️⃣ 圆门襟边用8号针起468针，环形向上织12cm双罗纹后与正身的后脖、左右门襟及前后下摆缝合。

6️⃣ 按图缝好扣子。

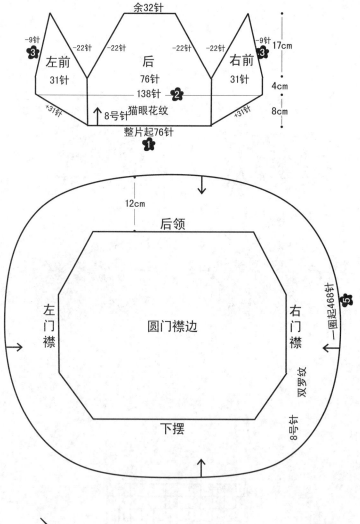

余32针

-9针 -22针 -22针 -22针 -22针 -9针

3️⃣ 左前 31针　后 76针　右前 31针　17cm

138针 2️⃣

4cm

8cm

+31针　8号针猫眼花纹　+31针

整片起76针 1️⃣

12cm

后领

左门襟　圆门襟边　右门襟

一圈起468针 5️⃣

双罗纹 8号针

下摆

1　　2　　3　　4

扣子缝法

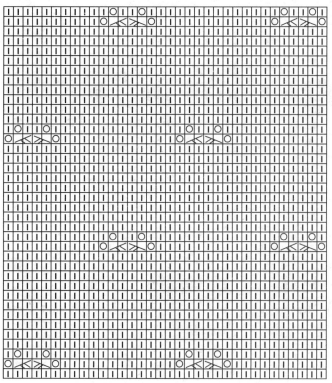

猫眼针

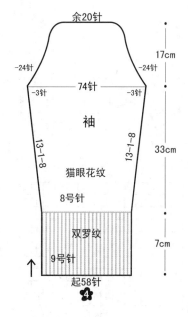

余20针

17cm

-24针 -24针

74针

-3针 -3针

袖

13-1-8 13-1-8

猫眼花纹 33cm

8号针

双罗纹 7cm

9号针

起58针

4针并2针左

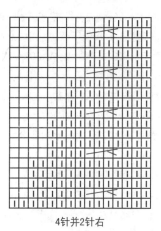

4针并2针右

双罗纹

小提示：

圆门襟边可起针后用长环
形针织，也可分两部分往返织，最后
在侧面缝合。

曼陀罗无扣开衣

材　　料：纯毛合股线

用　　量：650g

工　　具：6号针　8号针

尺寸（cm）：衣长52　袖长48　胸围86　肩宽38

平均密度：10cm²=19针×24行

编织简述：

　　从左前片门襟处起针横向后背正中织，完成后停针织右前片，最后在后背正中缝合，按要求缝好前后肩头和领子后，从袖窿口挑针环形向下织袖子。

编织步骤：

❶ 左前片用6号针起295针往返向上织曼陀罗针。

❷ 至10cm时刚好完成两层，由于花纹特点，此时余127针，取左侧的27针平收。

❸ 余下的100针按后背排花往返向上织12cm后，再取左侧的30针平收，往返向上织2cm后，再平加出30针，整片合成100针再向上往返织18cm停针形成左前片。

❹ 按以上方法完成右前片，注意与左前片对称。

❺ 在两片停针的位置相对从内部松缝合形成后背正中。

❻ 按相同字母缝合两肩和领子。

❼ 用6号针从袖窿口挑出32针，环形向下织46cm横条纹针，换8号针改织2cm锁链针后收平边形成袖子。

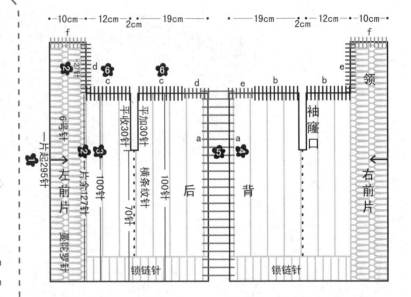

后背排花：100针

　　　87　13

　　　横　锁

　　　条　链

　　　纹　针

　　　针

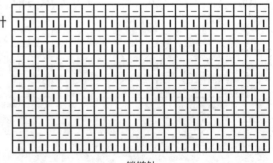

锁链针

 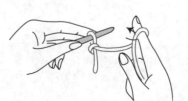  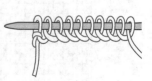

绕线起针方法

领

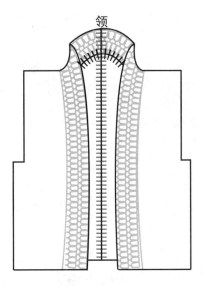

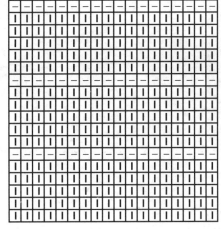

横条纹针

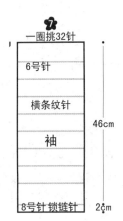

7
一圈挑32针

6号针

横条纹针

袖

46cm

8号针 锁链针

2cm

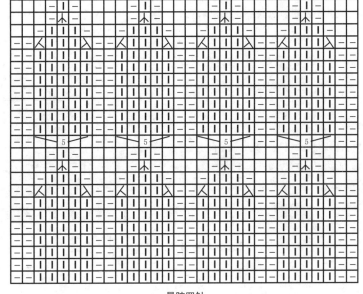

曼陀罗针

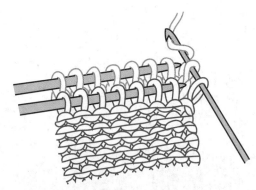

对头用钩针缝合方法

小提示:
完成左、右前片后不能收
针,应留好针,最后从内部钩缝以
保持服装弹性一致。

167

麦穗花开衫

55
mai sui hua kai shan

材　　料：棉毛合股线

用　　量：600g

工　　具：8号针 9号针

尺寸（cm）：衣长72 袖长55 胸围103 肩宽35

平均密度：10cm² = 24针 × 32行

编织简述：

　　从下摆起针后整片往返向上织，同时在两侧规律加针形成左右前片，至腋下后减袖窿，然后减门襟，最后在两肩头平加针将后片与左右前片合成大片，织相应长后收针；袖口起针后环形向上织，同时在袖腋处规律加针至腋下，减袖山后余针平收，与正身整齐缝合，最后往返织两个门襟大片，在侧面连接形成中空的圆片，在圆片的收针处与服装缝合。

编织步骤：

1 用8号针起120针按排花一往返向上织大片，同时在两侧隔1行加1针，共加23次，总长至14cm时为166针按排花二往返向上织。

2 总长至30cm时减袖窿，①平收腋正中1针，②隔1行减1针减2次。

3 总长至37cm时减领口，①在领一侧隔3行减2针减11次，②余针向上直织。

4 总长至49cm时完成袖窿口，在肩头位置各平加5针，三片再次组合成一大片往返向上织，减领口后，整片余144针平收。

5 袖口用9号针起52针环形向上织双罗纹针，至7cm时换8号针改织正针，同时在袖腋处隔9行加1次针，每次加2针，共加9次，总长至47cm时减袖山，①平收腋正中6针，②每行减1针共减25次，余针平收，与正身袖窿口整齐缝合。

6 用9号起300针，按花纹往返织门襟边，总长至17cm时收针，共织两个相同大小的门襟片，在侧面缝合后形成圆形，在圆形的内圈处与服装四边缝合。

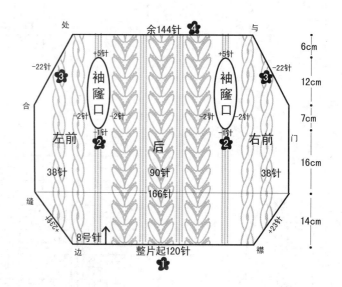

左前 38针　　后 90针　　右前 38针

166针

整片起120针　8号针

余144针

袖窿口　+5针　-22针　-2针　-1针　+23针

6cm 12cm 7cm 16cm 14cm

排花一：120针

3	6	3	28	3	28	3	28	3	3	6	3
反针	麻花	反针	正针	麦穗花	正针	麦穗花	正针	麦穗花	正针	反针	麻花针	反针

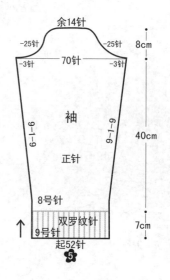

余14针

70针 -25针 -3针

袖 正针

9-1-6 9-1-9

8号针

双罗纹针 9号针

起52针

8cm 40cm 7cm

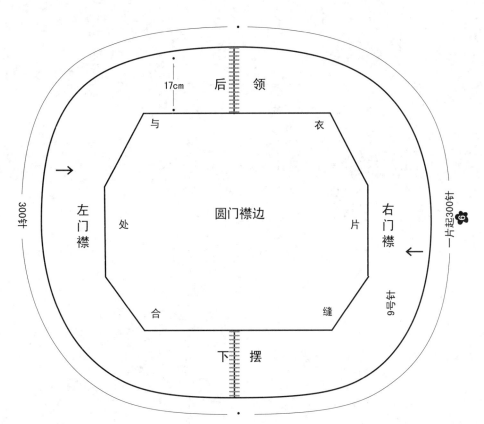

排花二：166针

8	3	6	3	3	3	6	3	3	28	3	28	3	28	3	3	6	3	3	3	6	3	8
正针	反针	麻花针	反针	正针	反针	麻花针	反针	正针	麦穗花	正针	麦穗花	正针	麦穗花	正针	反针	麻花针	反针	正针	反针	麻花针	反针	正针

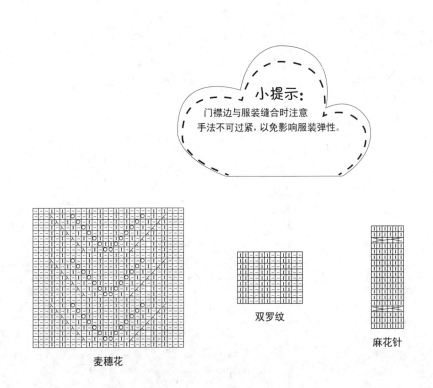

小提示：
门襟边与服装缝合时注意
手法不可过紧，以免影响服装弹性。

麦穗花

双罗纹

麻花针

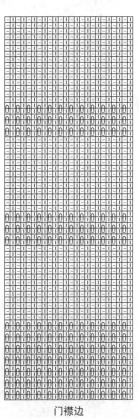

门襟边

平面披肩

材　料：纯毛手织中粗线

用　量：700g

工　具：6号针　8号针

尺　寸：以实物为准

平均密度：10cm²=19针×24行

56 *ping mian pi jian*

编织简述：

　　按要求织后背的正方形片、左右的长方形片、两个袖片，按要求缝合后挑织领子。

编织步骤：

❶ 用6号针起60针往返织星星针，边长至35cm时形成正方形片。

❷ 另线用6号针起56针往返向上织宽锁链针形成长方形片，共织两个相同大小的长方形片，总长至70cm时，将两片合在一起形成大片，在大片中间取2针做减针点，隔1行在减针点的两侧各减1针，共减15次后，大片余82针收平边。

❸ 袖口用8号针起32针环形向上织38cm横条纹针后，换6号针均匀加至78针按袖片排花往返向上织35cm不必收针。

❹ 按相同字母将后背的正方形片、两侧的长方形片、两个袖片缝合后，将两个袖片未收针的位置挑起并均匀减至121针，用8号针往返向上织13cm扭针单罗纹后收机械边形成领子。

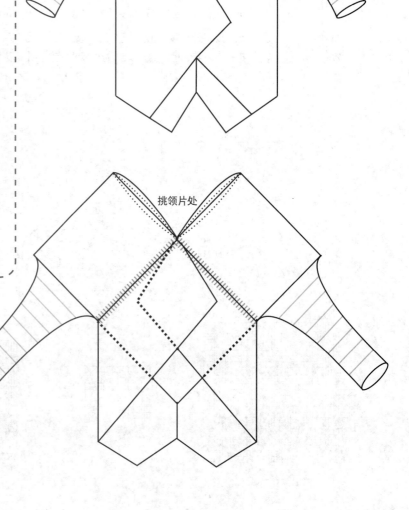

领

扭针单罗纹　　↑8号针 ❹
　　　　　整片挑121针　　13cm

挑领片处

星星针

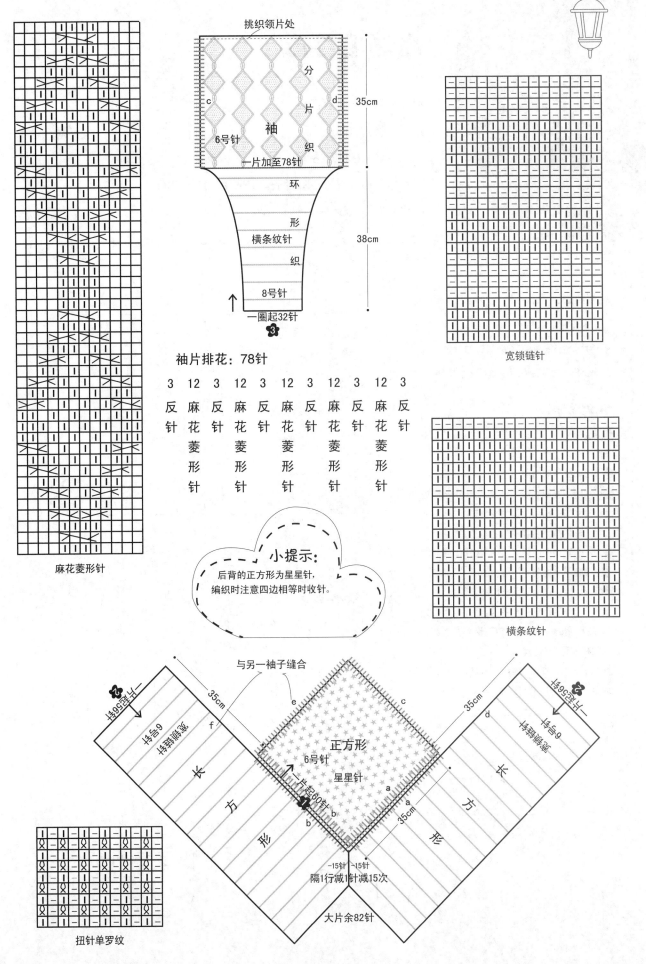

挑织领片处

35cm

分
片
织

袖

6号针

一片加至78针

环
形
横条纹针
织
8号针

一圈起32针

38cm

袖片排花：78针

| 3 | 12 | 3 | 12 | 3 | 12 | 3 | 12 | 3 | 12 | 3 |
| 反针 | 麻花菱形针 | 反针 | 麻花菱形针 | 反针 | 麻花菱形针 | 反针 | 麻花菱形针 | 反针 | 麻花菱形针 | 反针 |

麻花菱形针

宽锁链针

小提示：
后背的正方形为星星针，
编织时注意四边相等时收针。

横条纹针

与另一袖子缝合

35cm

6号针

长方形

e

正方形
6号针
星星针

c

d

长方形

35cm

35cm

一片起60针

b
b

a

a

-15针 -15针
隔1行减1针减15次

大片余82针

扭针单罗纹

高领毛背心

58

gao ling mao bei xin

材　　料：羊毛合股线

用　　量：500g

工　　具：6号针　8号针

尺寸（cm）：衣长53　袖长4　胸围73　肩宽36

平均密度：10cm²=19针×24行

编织简述：

　　从下摆起针后环形向上织，至腋下后分前后片向上织，袖窿不必减针，减领口后，前后肩头缝合，最后挑织高领和两个短袖。

编织步骤：

❶ 用8号针起140针环形向上织5cm扭针双罗纹。

❷ 换6号针环形向上织正针。

❸ 总长至17cm时，取中间的16针织锁链麻花针，向上织9cm，两侧的锁链麻花也开始向上织，总体按正身排花环形向上织。

❹ 总长至35cm后，从腋正中分前后片向上织，袖窿不必减针。

❺ 距后脖4cm时，取前领口28针平留，左右肩余针向上直织。前后肩头缝合后，从领口处挑出70针，用8号针按领子排花环形向上织13cm后收机械边形成高领。

❻ 用8号针从袖窿口挑出50针环形向下织4cm锁链针后收平边形成短袖。

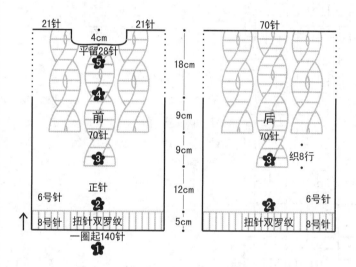

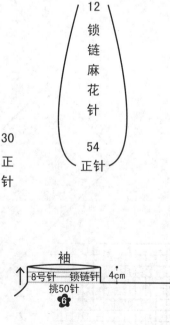

领子排花：70针

```
  12
  锁
  链
  麻
  花
  针
  54
  正针
```

正身排花：140针

```
 12  2  12  2  12
 锁  正  锁  正  锁
 链  针  链  针  链
 麻      麻      麻
 花      花      花
 针      针      针
30                30
正                正
针                针
 12  2  12  2  12
 锁  正  锁  正  锁
 链  针  链  针  链
 麻      麻      麻
 花      花      花
 针      针      针
```

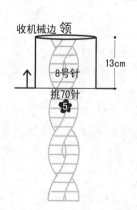

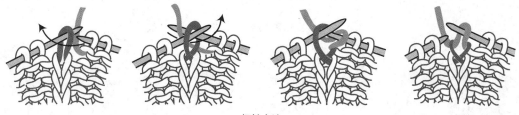

扭针方法

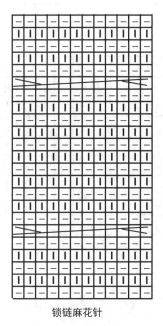

锁链麻花针

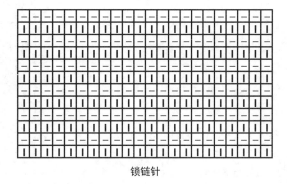

锁链针

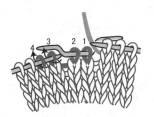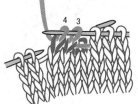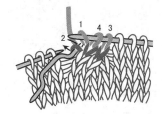

扭麻花方法

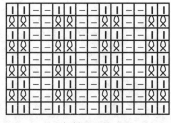

扭针双罗纹

小提示：

领口挑针后，按正身原花纹规律向上织领了。

风车披肩

材　　料：	286规格纯毛粗线
用　　量：	600g
工　　具：	6号针
尺　　寸：	以实物为准
平均密度：	$10cm^2=20针×24行$

59 feng che pi jian

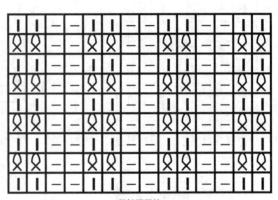

扭针双罗纹

编织简述：

　　从中心起针织圆片，共织两个，相对缝合后，分别挑出袖子和领子织扭针双罗纹，收机械边。

编织步骤：

1⃣ 用6号针从圆形的中心起8针，分8组，每组1针，用无洞加针法在固定位置隔1行加1次针，每次每圈加8针，每组内加针形成直径为50cm圆形时，改织 3cm锁链针后收针，每组内两种颜色交替使用。

2⃣ 织两个相同大小的圆片，按图缝合两肩。

3⃣ 用6号针从下沿15cm处挑出40针环形织30cm横条纹针后收平边形成袖子。

4⃣ 从上沿20cm宽的领口处挑出80针，用6号针织12cm扭针双罗纹，松收机械边形成领子。

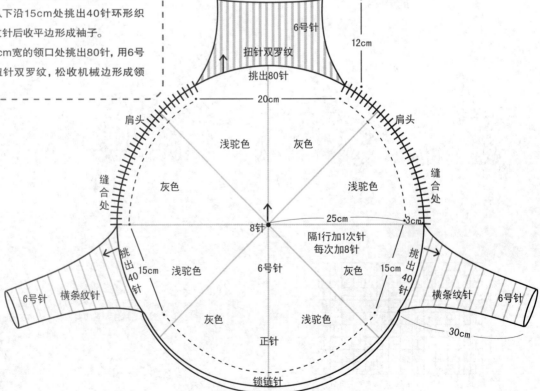

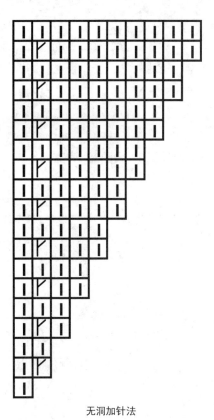

无洞加针法

小提示：
　加针时在固定位置，始终
按规律隔1圈在每组内加1针，每圈加
8针。

横条纹针

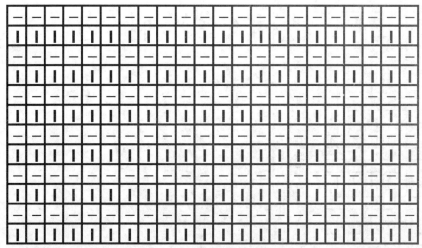

锁链针

松塔毛衣

60 *song ta mao yi*

材　　料：纯毛手织粗线

用　　量：650g

工　　具：6号针

尺寸（cm）：衣长45　袖长50（腋下至袖口）　胸围88　肩宽44

平均密度：10cm²=19针×25行

编织简述：

　　从下摆起针后环形向上织，至腋下后不减袖窿，直接分前后片往返向上织，领口也不必减针，前后肩头缝合后，自然形成袖窿和一字领，最后在袖窿口环形挑针向下织袖子。

编织步骤：

① 用6号针起168针环形向上织莲花针。

② 总长至25cm时从腋正中分前后片往返向上织。

③ 总长至45cm时，取前后肩头各15针缝合，中间的54针平收自然形成一字领和左右袖窿。

④ 用6号针从袖窿一圈挑出所有针，第2行时均匀减至48针环形向下织横条纹针，同时在袖腋处隔11行减1次针，每次减2针，共减9次，总长至50cm时余28针平收形成袖口。

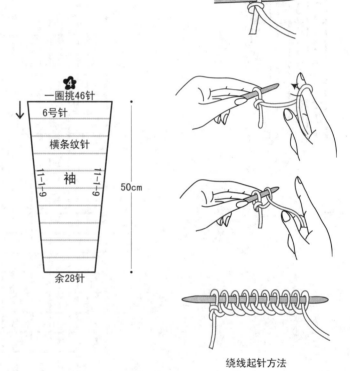

绕线起针方法

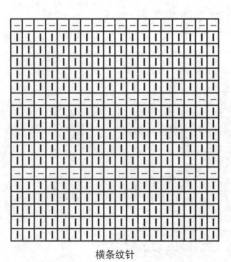

横条纹针

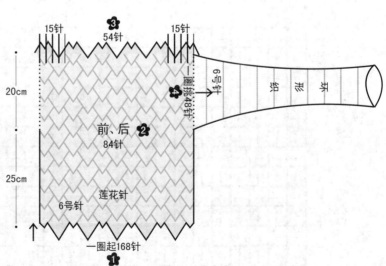

一字领

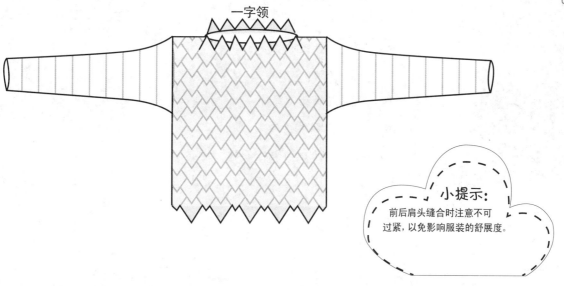

小提示：
前后肩头缝合时注意不可
过紧，以免影响服装的舒展度。

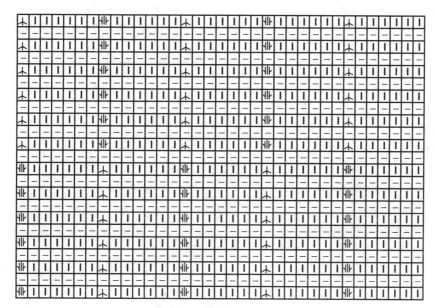

莲花针

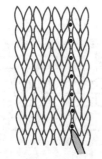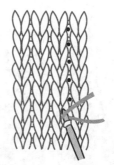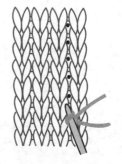

挑针方法

对圆披肩

材　　料：纯毛合股线

用　　量：650g

工　　具：6号针　8号针

尺　　寸：以实物为准

平均密度：10cm²=19针×24行

61

dui yuan pi jian

编织简述：

　　环形织两个筒状，相对缝合形成后背，两个袖窿口减针后环形织形成两袖，最后挑织领子。

编织步骤：

1. 用6号针起180针环形向上织20cm对圆花纹后，均匀减至88针并换8号针改织5cm扭针双罗纹后形成筒状，注意不要收针。

2. 按以上方法完成另一筒状。

3. 将两个筒状在后背正中各取35cm相对缝合。

4. 在后领口挑出123针，用8号针往返向上织15cm扭针单罗纹后收机械边形成立领。

5. 未收针的筒状为袖窿口，换6号针在此处均匀减至36针环形向下织45cm横条纹针后收针形成袖子。

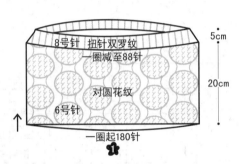

8号针　扭针双罗纹
一圈减至88针
对圆花纹
6号针
一圈起180针
1
5cm
20cm

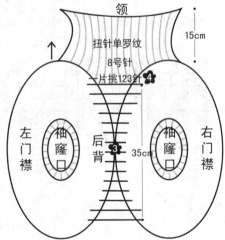

领
扭针单罗纹
8号针
一片挑123针 4
15cm

左门襟　袖窿　后背　袖窿　右门襟
3　35cm

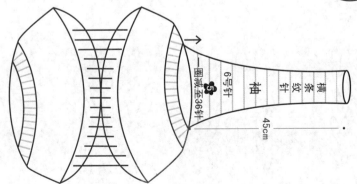

一圈减至36针
5　6号针　横条纹针　袖
45cm

扭针双罗纹

178

小提示:
在后背缝合时注意手法放松，以免影响服装弹性。

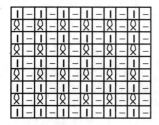

扭针单罗纹

横条纹针

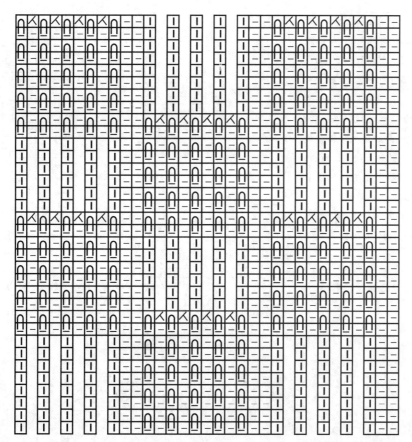

对圆花纹

秀场两穿大披肩

62

材　　料：羊仔毛线

用　　量：700g

工　　具：6号针

尺　　寸：以实物为准

平均密度：10cm² = 18针 × 24行

编织简述：

　　从披肩的领边起针往返向上织大片，相应长后分三片织然后再合成大片，形成长洞为袖窿口，完成底边后收针，最后从袖窿口挑针环形织短袖。

编织步骤：

1 用6号针起258针往返向上织18cm莲花针。

2 不换针按整体排花一往返向上织15cm后，将中间的240针改织海棠菱形针，按整体排花二再向上织12cm，然后改织4cm正针。减后将整片共258分为三部分，右前片66针，袖窿底平收6针、后背144针、另一袖窿底平收6针、左前片66针。三部分往返向上织18cm后，在两个袖窿底各平加6针，整个大片合成原来的258针向上织21cm正针后，改织3cm扭针单罗纹收机械边形成下摆。减针和加针形成的长洞为袖窿口。

3 用6号针从袖窿口挑出7–0针环形织10cm绵羊圈圈针后改织4cm扭针单罗纹形成短袖。

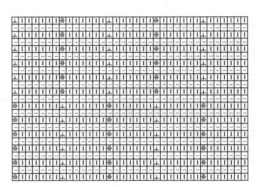

莲花针

扭针单罗纹

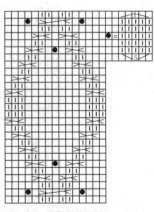

海棠菱形针

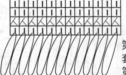

绵羊圈圈针

第一行：右食指绕双线织正针，然后把线套绕到正面，按此方法织第2针。

第二行：由于是双线所以2针并1针织正针。

第三行：织反针。

第四行：织正针。

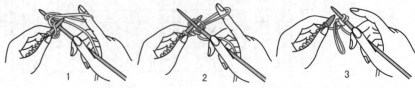

绵羊圈圈针

整体排花（二）：258针

9	15	1	15	1	15	1	......	1	15	1	15	1	15	9
锁链球球针	海棠菱形针	反针	海棠菱形针	反针	海棠菱形针	反针	......	反针	海棠菱形针	反针	海棠菱形针	反针	海棠菱形针	锁链球球针

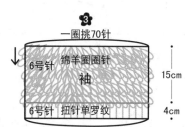

一圈挑70针
6号针　绵羊圈圈针　袖　15cm
6号针　扭针单罗纹　4cm

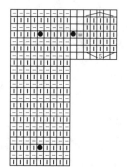

锁链球球针

整体排花（一）：258针

9	240	9
锁链球球针	绵羊圈圈针	锁链球球针

小提示：
领边起针时用绕线起针法，可以得到自然的锯齿效果。

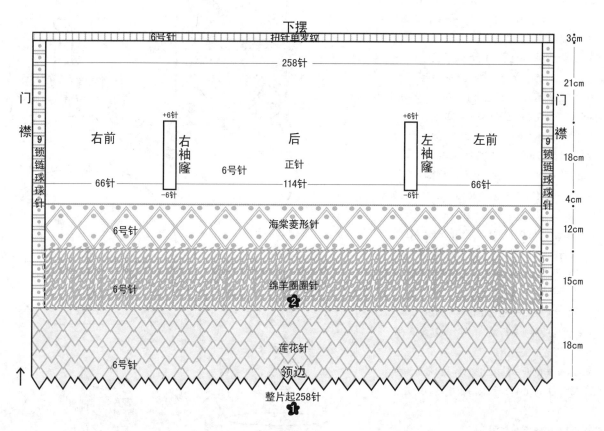

下摆
6号针　扭针单罗纹　3cm
258针
21cm
门襟　门襟
9 锁链球球针
右前　右袖窿　后　左袖窿　左前
+6针　　　正针　　　+6针
6号针
18cm
66针　114针　66针
-6针　-6针
4cm
海棠菱形针　6号针　12cm
绵羊圈圈针　6号针　15cm
莲花针　6号针　18cm
领边
整片起258针

花猫披肩

材　　料：	纯毛手织中粗线
用　　量：	400g
工　　具：	6号针　8号针
尺　　寸：	以实物为准
平均密度：	10cm² = 19针 × 24行

64

hua mao pi jian

编织简述：

　　按要求环形织猫头，然后往返织猫身，最后将猫头与猫身固定。

编织步骤：

❶ 猫头用6号针起28针环形向上织正针，同时在两侧取2针做加针点，隔1行在加针点的两侧加2针加1次，每行加1针加3次，隔1行加1针加2次。一圈共加出28针。整圈共56针环形向上织4cm后，在两侧隔1行减1针减3次，每行减1针减2次，隔1行减1针减1次，每行减1针减1次，余针从内部织缝。

❷ 耳朵用6号针灰色毛线起12针环形向上织5cm正针后串入同色毛线从内部拉紧系好。将织好的两耳与猫头缝合。并绣上胡子和口鼻，最后用黑色扣子缝在相应位置作为小猫的眼睛。从起针的开口处塞入丝棉后缝合使猫头立体。

❸ 用6号针起40针往返锁链绵羊圈圈针，同时在两侧隔1行加1针共加10次，每隔3cm换一次毛线的颜色，总长至30cm时，取中间的20针平留，左右的20针各向上织6cm后，中间再加出20针合成60针继续向上织22cm后，在两侧隔1行减1针共减10次，余下的40针取左右各10针平收，中间的20针用白色线往返向上织25cm后收针形成猫的尾巴。

❹ 用白色线在四处各挑出12针往返织15cm锁链针后，在两侧隔1行减1针共减3次，余下的6针平收形成小猫的腿。

❺ 在6cm宽的开口处挑出88针，用8号针灰色线环形织13cm扭针双罗纹后收机械边形成高领。

❻ 将小猫的头与身体固定缝合。

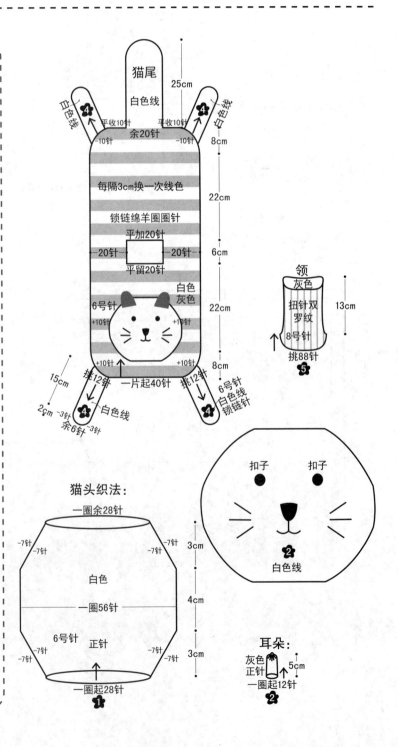

猫尾
白色线
25cm

白色线 ❹
平收10针 余20针 平收10针 ❹ 白色线

-10针 -10针
8cm

每隔3cm换一次线色
22cm

锁链绵羊圈圈针
平加20针
6cm
-20针 -20针
平留20针

22cm
白色
灰色

6号针
+10针 +10针

+10针 +10针
白色线
8cm

15cm
挑12针 +10针 一片起40针 +10针 挑12针
2cm -3针 ❹ 白色线 -3针 6号针
余6针 白色线
锁链针

领
灰色
扭针双罗纹
8号针
挑88针
❺
13cm

猫头织法：

一圈余28针
-7针 -7针 -7针 -7针
3cm

白色
-一圈56针-
4cm

6号针 正针
-7针 -7针
3cm

一圈起28针
❶

扣子　　扣子
●　　●

❷
白色线

耳朵：
灰色
正针
5cm
一圈起12针
❷

182

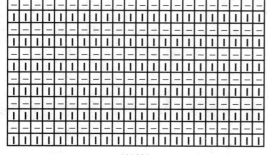

锁链针

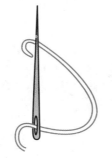

绣针方法

1   2

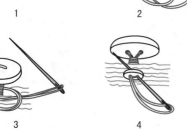

3   4

缝扣子方法

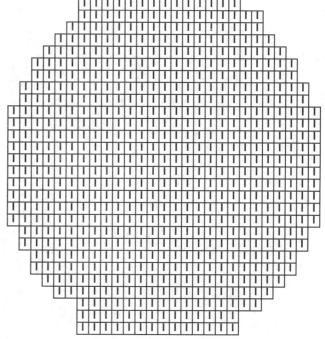

猫头前片织法

扭针双罗纹

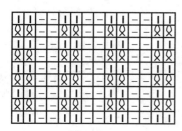

绵羊圈圈针

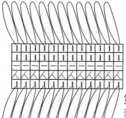

5行（同第一行）
4行
3行
2行
1行

第一行：右食指绕双线织正针，然后把线
套绕到正面，按此方法织第2针。
第二行：由于是双线所以2针并1针织正针。
第三行：织反针。
第四行：织正针。
第五行以后重复第一到第四行。

小提示：
编织各部分时注意毛线
颜色，头和四肢用白色、身体灰白相
间、耳朵用灰色。

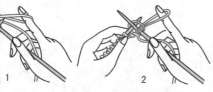

1   2   3

锁链绵羊圈圈针